KB074139

물리학의 재발견(하)

소립자와 시간공간

다카노 요시로 지음
한명수 옮김

전파과학사

차례

4

10. 파동
―파동은 물질로 충만한 공간을 퍼져나간다

연속체

평소 우리는 물질을 간극이 없이 가득 찬 것, 즉 연속적인 것으로 취급하고 있다. 고체로 된 물체는 물론, 물이나 공기 등 액체와 기체에 대해서도 그렇게 생각한다.

그러나 이미 『물리학의 재발견(상)』에서도 알아본 것 같이, 우리는 모든 물질은 원자로 구성되었다는 것을 알고 있다. 즉 물질은 띄엄띄엄한 구조로 되어 있고 불연속적인 것이다.

물질의 연속성, 불연속성에 대한 이 갭(Gap)은 평소 우리가 문제 삼는 크기가 원자나 분자의 크기와 그것들의 간격과 비해 훨씬 크기 때문에 불연속성이 나타나지 않는 사실로부터 설명될 수 있다.

원자나 분자의 크기는 1억분의 1cm 정도이다. 고체나 액체에서는 그것들의 간격 역시 비슷한 정도이다. 100만분의 1cm 이하의 크기가 문제가 되지 않는 경우에는 물질은 연속적으로 분포한다고 취급해도 지장이 없다.

기체인 경우도, 그 분자가 서로 충돌하지 않고 운동하는 평균 거리, 즉 평균 자유행정에 비해 평소 우리가 문제 삼는 크기는 훨씬 크다. 이를테면 지표의 상온에 있어서 공기 중 분자의 평균 자유행정은 약 100만분의 5cm에 불과하다.

또, 이를테면 적혈구의 지름은 약 7.5미크론(미크론은 1,000분의 1mm)이므로 지름 수 밀리미터의 동맥 속의 흐름을 생각할 경우에는 혈액은 연속적인 것으로 취급할 수 있다.

그리하여, 하나의 이상적인 극한으로서, 연속적으로 분포되어 있는 물질을 생각하여 이러한 물질로 구성된 물체를 연속체라고 부르자.

연속체는 무한히 분할가능하며, 또 어느 작은 부분의 어느 근방을 취해도 거기에는 반드시 물질이 존재한다. 이러한 물질의 연속적 분포를 나타내는 데는 밀도가 쓰인다. 연속체의 각 점에 있어서 밀도는 그 점의 주위에 있는 적은 부피를 생각하여, 거기에 포함되는 물질 질량의 평균을 취함으로써 주어진다.

수학에 있어서의 연속

연속의 개념은 수학적으로는 다음과 같이 정의된다.

지금, 실수〔유리수(有理數) b/a와 무리수(無理敎) $\sqrt{a}$〕의 전체를 큰 순서로 배열하여 그것을 절단해 보면, 절단면은 어디나 역시 하나의 실수가 되어 있다. 이때 실수의 집합은 연속이라고 한다.

이것에 비해 유리수〔정수(整數) 0, ±1, ±2……와 분수〕의 경우는 서로 같지 않는 두 유리수를 취하면 그것들 사이에는 무한히 많은 유리수가 포함되지만, 절단을 하면 그 절단면이 반드시 유리수가 되지는 않는다. 즉 유리수의 집합은 조밀하게 분포되어 있지만 여전히 간격이 있어 연속이 아니다. 이 간격을 무리수로 채우고 연속되게 한 것이 실수의 집합이다.

유리수 전체는 물론 무한집합인데, 자연수 1, 2, 3,…… 이나 정수와 마찬가지로 번호를 붙여서 셀 수 있다. 이러한 집합은 가산(可算, 가부번)이라고 부른다.

직선상의 점 집합은 연속이다. 이것은 1차원 연속체로 되어 있다. 그리고 공간이 3차원 연속체이고, 시간이 1차원 연속체라 생각되고 있다는 것은 말할 것도 없다.

흐름의 물질 표시와 공간 표시

이 장의 주제는 연속체의 역학이다.

먼저 유체의 운동상태는 어떻게 설명되는가 생각해 보자. 액체와 기체를 총칭해서 유체(流休)라 부른다는 것은 말할 것도 없다.

한 방법으로서는 유체의 각 작은 부분에 주목하여 그것들의 위치가 시간과 더불어 어떻게 움직이는가를 조사하면 된다. 이것은 유체운동의 라그랑주(Joseph Louis La grange, 1736~1813) 표시, 또는 물질 표시라고 부른다. 이 물질 표시가 역학에서의 입자의 운동 표시와 같은 이론에 의한다는 것은 명백하다.

또 하나의 방법으로서는 공간의 각 점에 주목하여, 거기를 통과하는 유체속도가 시간과 더불어 어떻게 변화하는가를 알아보면 된다. 이것은 오일러(Leonhard Euler, 1707~1783) 표시, 또는 공간 표시라고 불린다.

일반적으로 공간의 각 점에 어떤 물리량이 주어졌을 때, 즉 어떤 물리량이 위치의 함수로 주어졌을 때, 이 공간을 그 물리량의 장이라고 한다. 이미 『물리학의 재발견(상)』 5장에서 중력장에 대해 얘기했는데, 유체운동의 공간 표시는 다름 아닌 속도의 장(場) 이론인 것이다.

물질 표시에서는 육체의 작은 부분의 위치 (x, y, z)가 그 최초의 위치와 시간 t의 함수로서 구해지고, 공간 표시에서는 작은 부분의 속도가 위치 (x, y, z)와 시간 t와 함수로서 구해지게 된다.

〈그림 95〉 유선과 유관

유선과 유관

운동하고 있는 유체 내에, 어느 시각에, 한 곡선을 생각하고, 만일 그 위의 모든 점에 있어서 육체의 속도 스펙트럼이 곡선의 접선과 일치한다면 그 곡선을 「유선(流線)」이라고 부른다. 또 유체 내에 하나의 작은 폐곡선(閉曲線)을 생각할 때, 그 위의 모든 점을 지나는 유선은 하나의 관을 형성하는데, 이것을 「유관(流管)」이라 부른다.

모든 점의 속도가 시간적으로 변하지 않는 흐름을 정상류(定常流)라고 한다. 정상류에서는 유선이 그대로 유체가 흐르는 길로 되어 있고, 따라서 유관벽을 뚫고 지나는 흐름은 없다.

연속 방정식

유체에 대해서도 그 특성을 이상화하여, 완전유체, 비압축성 유체(非壓縮性流休) 등을 생각하는 일이 많다. 완전유체란 점성(姑性)이 없는, 즉 마찰이 없는 유체이며, 비압축성 유체란 어떤 압력을 가해도 부피나 밀도가 변하지 않는, 즉 수축하지 않는 유체이다.

단면적이 균일하지 않는 유관에 따른 완전유체의 정상류에 대해 관찰해 보자. 이때 유관의 벽을 통과하여 출입하는 유체는 없으므로, 유관의 어느 단면을 취해도 1초간에 거기를 통과하는 유체의 질량은 변하지 않을 것이다. 즉,

(밀도)×(단면적)×(속도의 크기) = 일정　……………　〈수식 10-1〉

이 성립된다. 왜냐하면 1초간에 어떤 단면을 통과하는 유체의 부피는 그 단면적에 속도의 크기를 곱한 것으로 주어지기 때문이다.

〈수식 10-1〉은 연속 방정식이라 불리며, 액체가 흡인되거나 솟아나지 않고 그 질량이 보존되어 있다는 것을 나타낸다.

특히 비압축성 유체에 대해서는 밀도가 변화하지 않으므로 연속 방정식은

(단면적)×(속도의 크기) = 일정　………………………　〈수식 10-2〉

가 되고, 속도의 크기는 유관의 단면적에 반비례하게 된다. 또한 『물리학의 재발견(상)』 7장 끝부분 「베르누이의 정리」에서 설명한 것처럼, 유체의 운동에 대해서도 에너지보존의 법칙이 성립된다. 즉 운동 에너지와 중력에 의한 위치 에너지 외에 압력에 의한 에너지를 더하면 이들의 합은 항상 일정하게 된다. 이것은 베르누이(Daniel Bernoulli, 1700~1782)의 정리라고 불린다.

탄성체의 일그러짐

다음에 탄성체에 대해 생각해 보자.

일반적으로 물체에 힘을 가하면 크기나 형태에 변화가 생긴다. 이 외력을 제거했을 때, 물체가 원래의 크기나 형태로 되돌

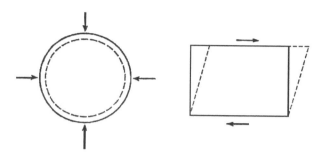

(a) 어느 방향에도 균일한 압축.   (b) 단순한 어긋남

〈그림 96〉 탄성체의 일그러짐

아가는 성질을 탄성(彈性), 원래대로 되돌아가지 않는 성질을 소성(塑性)이라 한다. 그리고 탄성을 가진 물체를 탄성체, 소성을 가진 물체를 소성체라고 한다.

　탄성체에 외력이 작용하면 탄성체의 각 작은 부분에 변위(麥位)가 일어난다. 일반적으로 물체가 위치를 바꿀 때 마지막 위치와 처음 위치와의 차를 변위라고 부르는데 이것은 하나의 벡터량이다. 즉 외력이 작용하면 탄성체의 각 점에 각각 변위벡터가 주어지게 된다. 바꿔 말하면, 탄성체에 변위장이 생기는 것이다.

　탄성체에 있어서 변위장은 유체에 있어서의 속도장에 대응한다. 이 대응은 속도에 시간을 곱하면 변위가 되는 것으로부터도 분명하다.

　탄성체의 각 작은 부분에 있어서 변위가 같지 않으면 탄성체의 크기나 형태에 변화가 생긴다. 즉 일그러짐이 생긴다.

　일그러짐에는 여러 가지 종류가 있지만, 결국 모든 일그러짐은 두 개의 기본적인 일그러짐, 즉 어느 방향에도 균일한 압축

(또는 팽창)과 순수한 어긋남(전단, 葬所)과의 겹침이 되고 있다. 어느 방향에도 균일한 압축은 〈그림 96〉의 (a)와 같이 형태는 원래와 닮고 부피만이 변화하는 것이며, 어긋남은 부피의 변화는 없고 형태만 변화하는 것이다. 어긋남의 가장 단순한 경우는 〈그림 96〉의 (b)와 같이 직방체의 평행육면체로 변화한다.

이들 일그러짐의 크기는 각각 단위부피(1㎤, 또는 1㎥)당의 부피의 변화, 어긋남의 각도로 측정된다.

응력

탄성체에 일그러짐이 생기면 그 내부에 원래의 상태로 되돌아가려는 힘이 생긴다. 이것을 응력(應力)이라 한다.

응력은 탄성체의 이웃한 작은 부분끼리 사이에 그것들의 접촉면을 통해 작용하는 힘이다. 이것은 접촉면에 수직으로 밀거나 당기거나 하는 수직응용(압력, 장력)과 접속면 내에 따라 어긋나게 하는, 어긋남의 응력(전단응력)으로 나눌 수 있다. 이러한 응력이 차례차례 이웃하는 작은 부분 간에 작용하여, 결국 탄성체 표면에서 외력과 균형을 이루는 것이다.

이렇게 응력은 탄성체의 이웃하는 작은 부분끼리 사이에 작용하는 힘이어서 그것이 겹치고 쌓여 멀리 떨어진 데까지 그 작용이 전달되지만, 만유인력처럼 거리를 사이에 두고 직접 작용하는 힘은 아니다. 먼저 것과 같은 힘의 작용은 근접작용, 또는 매달(媒達)작용이라 불리며, 나중 것과 같은 원격작용, 또는 직달(直達)작용과는 전적으로 상반되는 것이다.

연속체의 역할을 입자의 역학으로부터 구별하고 특징짓는 것은 물질의 연속성과 더불어 힘의 근접작용, 매달작용인 것이다.

앞에서 거듭 설명해 온 것처럼(『물리학의 재발견(상)』 2장 「관성과 힘」, 3장 「힘의 전달」, 5장 「비물리적, 수학적인 만유인력」) 원래 힘의 개념은 그 작용이 접촉에 의하여 전달되는 것이다. 근접작용 쪽이 원격작용에 비해 더욱 물리적인 개념인 것 같이 생각된다.

훅의 법칙

탄성체의 일그러짐과 응력과는 서로 어떤 관계를 갖고 있는 것일까? 여기서는 간단히 균질, 등방한 탄성체에 대하여 고찰해 보자.

실험에 의하면 일그러짐이 크지 않을 때는, 일반적으로 훅(Robert Hooke, 1635~1703)의 법칙이 성립된다. 즉 「탄성체의 일그러짐과 응력과는 비례한다」. 여기서 비례상수를 탄성률이라 부르면 훅의 법칙은 다음과 같이 표시된다.

(응력) = (탄성률)×(일그러짐) ····························· 〈수식 10-3〉

앞에서 설명한 두 가지 기본적인 일그러짐, 압축과 어긋남에 대한 탄성률은 각각 부피 탄성률, 어긋남의 탄성률(전단 탄성률, 강성률)이라고 불린다.

또 막대의 신장에 대한 탄성률은 영(Thomas Young, 1773~1829)률이라 불리며, 부피 탄성률, 어긋남의 탄성률과 다음과 같은 관계를 가지고 있다. 영률=(9×부피 탄성률×어긋남의 탄성률)/(3×부피 탄성률+어긋남의 탄성률)

이들 탄성률이 각각 물질에 따라 일정한 값을 가진다는 것은 말할 것도 없다.

〈수식 10-3〉으로부터도 분명한 것처럼 탄성률이 크면 적은 일그러짐에 대해서도 큰 응력이 작용하는, 이를테면 고무줄을 잡아당기든가, 강철판을 휘어보면 알 수 있는 것 같이 고무의 영률은 낮고, 강철의 어긋남 탄성률은 아주 높다.

유체는 어느 적은 부분이 움직여도 그 옆 부분이 같은 방향으로 끌리는 일은 없다. 즉 어긋남의 응력이 작용하지 않는다. 다시 말해 어긋남의 탄성률은 0이다. 다만 점성이 있을 경우, 어긋남의 응력이 작용한다.

탄성 에너지

탄성체는 서로 용수철로 연결된 입자의 집합을 생각하고, 입자간의 간격을 0으로, 입자의 개수를 무한대로 한 극한으로 간주할 수 있을 것이다.

『물리학의 재발견(상)』 4장에서 설명한 것 같이 용수철로 연결된 물체는 단진동을 한다. 그때 작용하는 힘은 항상 진동의 중심으로 향하고, 크기는 혹의 법칙에 따라 중심으로부터의 변위와 비례하고 있다. 지금 변위를 x라고 하면 힘의 크기는 kx로 표시되고 k는 용수철의 상수라고 불린다. 『물리학의 재발견(상)』 4장 〈수식 4-9〉와 비교하면 각진동수 w는 입자의 질량 m과 용수철의 상수 k에 의하여 $w^2 = k/m$로 주어진다.

여기서 단진동의 위치 에너지를 구해보자. 그러기 위해서는 입자를 중심으로부터 변위 x점까지 힘에 대항하여 이동시키는데 요하는 일을 계산하면 된다(『물리학의 재발견(상)』 7장 「위치 에너지」 참조).

단진동에서 힘의 크기는 변위와 비례하므로 변위가 0으로부

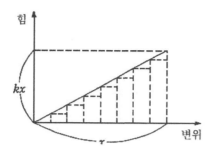

〈그림 97〉 단진동의 위치 에너지

터 점차 커져서 x가 되면 힘의 크기도 0으로부터 점차 커져서 kx가 된다. 따라서 그 사이의 힘의 평균은 $\frac{1}{2}kx$와 같다. 변위가 0으로부터 x까지 언제나 같은 평균된 힘이 작용한다고 고쳐 생각하면 그 사이에 외부로부터 작용되는 힘은 $\frac{1}{2}kx \times x = \frac{1}{2}kx^2$이 된다.

또 〈그림 97〉과 같이 가로축을 변위, 세로축을 힘으로 하고, 힘을 변위 함수로서 그래프에 그리면 힘은 변위와 비례하기 때문에 그래프는 원점을 통과하는 직선이 된다. 『물리학의 재발견(상)』 1장 「낙하운동의 법칙」 〈그림 4〉~〈그림 6〉에 보인 낙하거리의 계산과 마찬가지로 변위를 많은 짧은 변위로 나누고 각각 짧은 변위에 대해서는 힘을 일정이라 간주하면 힘의 그래프는 계단 모양이 되고, 일은 계단 아래의 각 직사각형 넓이의 합과 같아진다. 변위를 무한히 세밀하게 나누면 그 극한으로서 계단은 원래의 직선과 일치하고, 구하는 일은 이 직선 밑에 생기는 삼각형의 넓이와 같고 $\frac{1}{2}kx^2$이 된다.

이렇게 하여 단진동의 위치 에너지는 변위와 그 변위에 대한 힘과의 곱의 절반으로 주어지게 되는 것을 확인하였다. 따라서 단진동 에너지는 운동 에너지와 위치 에너지를 합쳐서

$$E = \frac{1}{2}mv^2 + \frac{1}{2}kx^2 \qquad \cdots\cdots\cdots\cdots\cdots\cdots\cdots\cdots \text{〈수식 10-4〉}$$

라고 표시된다. 단진동의 진폭을 r이라 하면 x=r에서는 v=0이 되고 단진동 에너지는 $\frac{1}{2}kr^2$으로 주어지게 된다.

이상의 고찰에 바탕을 두고 변위 x와 일그러짐, 힘 kx와 응력을 대응시키면 일그러짐에 의하여 탄성체 내에 축적되는 위치 에너지, 즉 탄성 에너지는 단위부피당

$$\text{(탄성 에너지)} = \frac{1}{2}\text{(응력)} \times \text{(일그러짐)} \qquad \cdots\cdots\cdots\cdots\cdots\cdots \text{〈수식 10-5〉}$$

로 주어지는 것에 납득이 갈 것이다.

그리고 응력은 일그러짐에 비례하기 때문에 탄성 에너지는 일그러짐의 제곱과 비례하게 된다. 즉 〈수식 10-5〉에 〈수식 10-3〉을 대입하여

$$\text{(탄성 에너지)} = \frac{1}{2} \times \text{(탄성률)} \times \text{(일그러짐)}^2 \qquad \cdots\cdots\cdots \text{〈수식 10-6〉}$$

으로 표시된다.

파동

지금까지는 탄성체의 각 작은 부분의 변위, 즉 일그러짐이

시간적으로 변화하지 않는 경우에 대해 살펴보았다. 그러면 보다 일반적으로 변위(일그러짐)가 시간적으로 변화하면 어떤 일이 일어날까?

어느 작은 부분의 일그러짐이 변화하면 그 작은 부분이 이웃 작은 부분에 미치는 응력이 변화하고, 따라서 이웃 작은 부분의 일그러짐이 변화한다. 그러면 그 또 이웃에 미치는 응력이 변화한다…라는 식으로 응력을 매개로 하여 일그러짐의 변화는 퍼져 나가게 될 것이다.

탄성체의 작은 부분 변위의 시간적인 변화는 일반적으로 진동운동이 되므로 탄성체 중을 진동이 차례차례 퍼져 나가게 된다. 이것이 탄성파이다. 즉 탄성체에 있어서 변위장은 그것이 시간적으로 변화할 때 파동이 되어 퍼져 나가는 것이다.

일반적으로, 물질의 일부분에 일어난 진동이 그 주위에 차례차례로 퍼져 나가는 현상을 파동이라 하며, 파동을 전달하는 물질을 매질이라 한다.

매질의 진동이 실제 파동이 되어 전해 퍼져 나가는 것을 나타내는 데는 다음과 같은 실험을 해보면 될 것이다. 추의 질량도 실의 길이도 각각 서로 같은 많은 흔들이를 추가 수평면 내에서 일직선상에 배열되도록 매단 후, 각 추를 가볍고 약한 용수철로 이어 놓는다. 추의 하나를 추의 열 방향으로, 또는 그것과 수직으로 튕겨 보자. 그렇게 하면 〈그림 98〉에 보인 것 같이 흔들이의 진동은 파동이 되어 퍼져 나간다.

앞의 예와 같이 파동이 퍼져 나가는 방향이 매질의 진동 방향과 같은 파동을 종파(縱波), 또는 소밀파(踈密波)라 하고, 나중 예와 같이 파동이 퍼져 나가는 방향이 매질의 진동 방향과 수

26

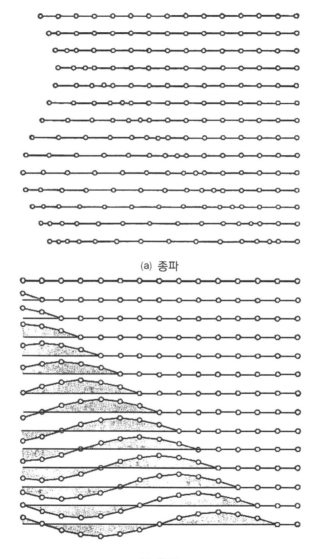

(a) 종파

(b) 횡파

〈그림 98〉 파의 퍼져나감

직한 파동을 횡파(橫波)라고 한다. 따라서 횡파는 파동의 진행 방향 외에 그것과 수직한 또 하나의 방향에 의하여 특징지어진다는 점에 주의해야 한다.

이를테면, 음은 종파여서 기체뿐만 아니라 액체나 고체 중에서도 퍼져나가는 반면, 횡파는 고체에서만 발생한다. 그것은 횡파의 퍼져나감이 어긋남의 응력에 의한 때문이며, 앞에서도 이야기했듯 유체에는 어긋남의 응력이 생기지 않기 때문이다.

횡파를 간단하게 보는 데는 제리의 일부분을 조금 어긋나게 하고 손을 떼면 된다. 그 진동이 그것과 수직인 방향에도 차례차례 퍼져 나가는 것을 볼 수 있을 것이다.

물의 파동도 횡파인데, 이것은 표면밖에 일어나지 않는 파동이므로 탄성파가 아니다. 물의 진동은 응력에 의하여 퍼져나가는 것이 아니라 중력과 표면장력에 의해 퍼져 나가게 된다.

파장, 진동수, 진폭, 위상

파동에 대한 술어를 설명하겠다. 알기 쉽도록 횡파를 사용하였는데, 종파에 대해서는 마루(산)나 골(골짜기)을 밀(密)과 소(疏)로 바꾸면 된다.

파동이 퍼져 나가는 속도는 하나의 마루가 어느 만큼의 시간에 어느 만큼의 거리를 진행하는가에 따라 측정된다. 파동이 서로 이웃하는 마루와 마루 사이의 거리를 파장(波長)이라 한다. 파동의 마루나 골, 중턱 등의 구별은 위상(位相)이라는 양을 생각하여, 그 값의 차에 의해 표시된다. 그렇게 하면 이웃하는 동위상 간의 거리가 파장이 된다.

매질의 각 점은 단진동을 하고 있는데 그 진동수(振動數), 즉

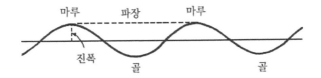

〈그림 99〉 파장, 진동수, 진폭, 위상

1초간에 진동하는 수를 파동의 진동수라 한다. 이것은 매질의 한 점을 파동의 마루가 1초간에 통과하는 수와 같다. 왜냐하면 1진동마다 마루가 하나씩 통과하기 때문이다.

따라서 1초간에 파동이 진행하는 거리는 파장에 진동수를 곱한 것과 같고, 이것은 파동의 속도이다. 즉,

$$v = \lambda \nu \qquad \qquad \langle \text{수식 } 10\text{-}7 \rangle$$

라는 관계가 성립된다. 여기서 v는 파동의 속도, λ(람다)는 파장, ν(뉴)는 진동수이다.

이를테면 타이트한 스커트를 입었을 때에는 바지를 입었을 때보다 걸음 폭이 좁아지므로 같은 속도로 걸으려고 하면 발의 왕복의 횟수를 늘려야 한다.

매질의 각 점의 진동 진폭을 파동의 진폭(振幅)이라 한다. 물론, 이것은 마루와 골과의 높이의 차의 절반과 같다.

우리가 취급하는 파동은 모두 3차원 공간을 전파한다. 물의 파동이나 막(膜)을 전해 퍼지는 파동은 평면에 따른 2차원의 파동으로서, 앞서의 실험과 같은 용수철로 이은 흔들이나 현(故)을 전파하는 파동은 직선에 따른 1차원의 파동으로서 취급할 수 있다.

파동이 공간이나 평면에 전파할 때, 위상이 같은 점, 이를테

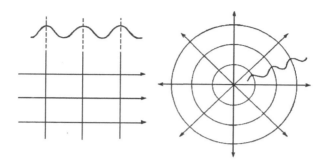

〈그림 100〉 파면

면 마루가 되는 점을 연결하면 그것은 하나의 곡면, 또는 곡선
이 된다. 이것을 파면(波面)이라 부른다. 파면이 평면일 때는 평
면파, 구면일 때는 구면파라 한다.

파동 에너지

파동은 매질의 진동이 퍼져 나가는 현상이므로 진동 에너지
는 파동과 더불어 운반된다.

파동 에너지는 〈수식 10-4〉, 〈수식 10-6〉으로 알 수 있듯이
같은 부피를 취하여 비교할 때 그 진폭의 제곱에 비례한다.

단위시간(1초간)에 단위면적(1㎠, 또는 1㎡)을 통과해서 운반되
는 에너지를 파동의 세기라고 한다. 물론, 파동의 세기도 진폭
의 제곱에 비례한다.

이리하여 에너지가 한 장소로부터 다른 장소로 전달되는 데
에 두 가지 방식이 있다는 것을 우리는 알았다. 하나는 던져진
돌과 같은 경우이며, 또 하나는 물의 파동과 같은 경우이다. 앞
의 예는 돌이라는 물체 자신이 운동 에너지라는 형태로 에너지

를 운반하는데, 나중 예는 물의 각 부분은 작은 진동운동을 하고 있을 뿐으로 이 에너지는 파동이 되어 전파되어 가는 것이다. 물의 각 부분이 작은 진동을 하고 있을 뿐이라는 것은 물에 떠 있는 나뭇잎이 상하로 진동할 뿐 파동의 진행 방향으로는 움직이지 않는 것으로도 알 수 있을 것이다.

따라서 일반적으로 에너지의 전달이 보일 때에는 그것이 두 방식 중의 어느 것에 의한 것인가를 따져야 한다.

소리

일상적으로 우리에게 제일 친근한 파동은 청각의 대상인 소리일 것이다. 소리는 공기 속을 퍼져 나가는 종파이다. 즉 공기가 압축되든가, 팽창하거나 하는 밀도의 주기적인 변화가 차례차례 퍼져 나가는 현상이다. 소리를 예로 들어 파동의 일반적인 성질을 살펴보자.

공기 중에서 음파의 속도는 절대온도의 제곱근에 비례하고 15℃에서 1초간에 340m이다. 또 소리는 기체 속뿐만 아니라 액체나 고체 속도 퍼져나가며, 이를테면 물속에서는 매초 약 1,500m, 쇠 속에서는 매초 약 6,000m의 속도이다.

음파 진동수의 대소는 고저의 느낌을 준다. 보통 인간의 귀는 진동수가 1초간에 20~16,000회 범위의 소리밖에 들을 수 없다. 진동수가 이것보다 큰 소리는 초음파라고 불리고 있다. 또 인간의 목소리는 1초간에 100~1,000회 정도의 진동수를 가지며, 그 파장은 1m 전후이다.

소리 속도와 파장, 진동수가 〈수식 10-7〉의 관계를 만족시키고 있다는 것은 말할 것도 없다.

또 음파의 진폭의 대소, 따라서 크기의 대소가 소리의 대소의 느낌을 준다. 보통 소리의 세기는 1초간에 1㎡의 넓이를 0.000001줄[J]의 에너지가 통과하는 정도이며, 강력한 스피커 등으로부터 나오는 소리라도 매초 10[J]정도로서 소리를 나르는 에너지는 비교적 작은 것이다.

오히려 음파는 신호, 또는 정보를 전달하는 수단으로서 중요하다. 음 외에도 전파, 빛 등 일반적으로 파동은 그 파장, 진폭을 여러 가지 값으로 취할 수 있어 정보 전달에 아주 큰 역할을 하게 된다.

파동의 직진, 반사, 굴절

초음파는 바다의 깊이를 측정하는 데 사용된다. 음속은 알고 있으므로 해저까지의 왕복시간을 알면 되는 것이다. 이것은 초음파가 직진(直進)한다는 것, 다른 매질 경계면에서 반사하며, 그때 입사파와 반사파와는 반사면에 세운 수직선(法線) 양측과 같은 각을 이루는 것에 바탕을 두고 있다.

또, 음파는 다른 매질 경계면에서, 또는 매질온도가 장소에 따라 다른 경우에도 굴절하면서 진행한다. 예를 들면, 공기온도는 지표 가까이에서는 높고 상층일수록 낮은 경우가 많고, 그때 음파는 위쪽으로 오목하게 휘면서 진행한다. 이것은 공기온도에 따라 음파속도가 달라지기 때문이다.

하위헌스의 원리

일반적으로 파동은 균일한 매질 속을 직진하며, 다른 매질 경계면에서는 반사, 굴절한다. 이러한 파동의 전파 방식은 하위

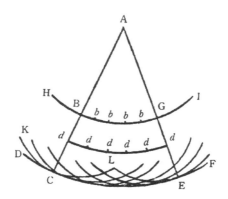

〈그림 101〉 하위헌스의 원리(하위헌스의 『빛에 대한 논고』에서)

헌스(Christiaan Huyghens, 1629~1695)의 원리에 의해 설명된다. 즉 「하나의 파면상의 모든 점이 파원(波源)이 되어 각각 2차적인 구면파를 사출하며 그 파면들을 둘러싸는 면이 새로운 파면을 만든다」(그림 101).

어느 시각에 일그러짐을 가진 작은 부분이 작은 시간 후의, 작은 거리 떨어진 점에 있어서 작은 부분의 일그러짐을 결정한다. 이것이 매달작용(媒達作用)이며, 하위헌스의 원리는 그 단적인 표현이라 할 수 있을 것이다.

하위헌스의 원리를 사용하면 파동의 반사나 굴절은 〈그림 102〉와 같이 쉽게 설명할 수 있다.

매질 경계면 AB에 입사하는 파동의 파면을 AC라고 하면 C의 빛이 점 B에 도달했을 때, A, B간의 각 점 K를 파원으로 하고, 파면 AC가 그 점에 도달했을 때 사출된 2차적인 구면파의 파면을 둘러싸는 면은 BN이 된다. 반사에 있어서는 2차적인 파동도 입사파와 같은 매질 속을 진행하므로 그 속도는 입

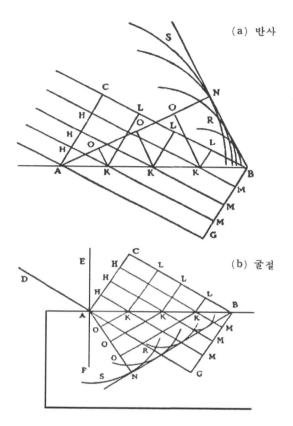

〈그림 102〉하위헌스의 원리에 의한 파동의 반사, 굴절의 설명

(하위헌스 『빛에 대한 논고』에서)

사파의 속도와 같고, 따라서 CB=AN이 되며 반사파가 면 AB
에 세운 수직선과 이루는 각은 입사파의 수직선과 이루는 각
과, 즉 반사각은 입사각과 같아진다.

그러나 굴절에 있어서는 2차적인 파동은 입사파와는 다른 매
질 속으로 진행하므로 그 속도는 입사파의 속도와 다르고, 따

34

라서 CB≠AN이 되며 굴절각은 입사각과는 달라 전파하는 속도가 늦은 쪽의 매질 속의 각도는 빠른 쪽 매질에 있어서의 각도보다 작아진다. 이것은 마치 행진하던 종대가 방향을 바꿀 때 안쪽 열에 있는 사람이 걷는 속도를 늦추는 것과 비슷하다.

파동의 회절, 간섭

또한 음파가 장해물 뒤쪽으로 돌아들어가는 것은 경험으로부터 잘 알려져 있다. 일반적으로, 파동이 기하학적으로는 그늘이 되는 곳으로 들어가는 현상을 회절(回折)이라고 한다. 파장이 긴 파동일수록 회절이 크다. 파동이 구멍을 통과할 때도 그것은 구멍보다도 확대되어 진행해 간다. 이것 역시 회절이다. 구멍의 크기에 비해 파장이 작을 때에는 회절은 그다지 크지 않지만 파장이 구멍 크기와 같은 정도이면 뚜렷한 회절이 일어난다.

이미 설명한 것처럼 초음파가 측심(測深)에 사용되는 것은 파장이 짧아서 회절이 작고 직진하기 때문이다.

이번에는 소리굽쇠를 울려 이것을 천천히 회전시켜 보자. 1회전시키는 동안에 소리가 거의 꺼지는 방향이 네 곳이 있다는 것을 알아차릴 것이다. 음차의 두 다리를 잇는 방향과 그것과 수직인 방향과는 음파의 파장이나 진폭은 같지만 성긴(소) 곳과 밴(밀) 곳이 반대로 되어 있다. 따라서 두 방향으로부터 45°를 이루는 중간 방향에서는 두 파동이 상쇄되어 소리가 들리지 않게 되는 것이다.

이렇게 일반적으로 파장이 같은 파동을 겹치면 마루와 마루, 골과 골이 겹칠 때에는 서로 강화되고, 마루와 골이 겹칠 때에는 서로 약화된다. 이러한 현상을 간섭(干涉)이라 한다.

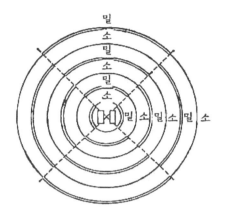

〈그림 103〉 소리굽쇠의 소리의 간섭

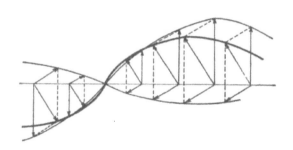

〈그림 104〉 파동의 겹침의 원리

　하위헌스의 원리에서 2차적인 구면파에도 간섭을 생각하면 파동의 직진이나 회절도 이 원리를 써서 설명할 수 있는 것이다.
　보다 일반적으로 파장, 진폭이 어떻든 '두 개의 파동을 겹치면 매질의 각 점은 각 파동에 의한 변위(變位)를 더해 합친 것을 변위로 진동하고, 그 진동은 역시 파동이 되어 퍼져 나간다.' 변위는 벡터이므로 합성하려고 하는 두 파동의 진동이 서로 경사되어 있어도 평행사변형 방식으로 더하면 되는 것이다. 이것은 파동의 겹침(重疊)의 원리라고 불리고 파동을 특징짓는 가장 기본적인 성질이다.

또한 겹침의 원리를 충족시키지 못한 파동도 존재하며 그것들은 비선형(非線型) 파동이라 불린다. 얕은 물에서 일어나는 파동, 중력파 등은 그 보기이다. 비선형의 고립파는 솔리톤(Soliton)이라 불린다. 두 개의 솔리톤은 충돌해도 다시 원래의 형태로 되돌아가는 성질이 특징이며 매우 안정된 파동이다.

도플러 효과

끝으로 매질에 대한 음원과 관측자의 상대운동에 대하여 고찰해 보자. 파동인 경우는 입자의 상대운동과는 달라 매질이 개재하는 것에 주의해야 한다. 파동속도라는 것은 원래 매질에 대해 정지하고 있는 관측자에 의해 측정되는 속도를 의미한다. 관측자가 매질에 대하여 운동하고 있으면 파동속도는 갈릴레이(Galileo Galilei, 1564~1642) 변환 〈수식 6-1〉에 의하여 관측자의 속도만 플러스, 마이너스가 된다는 것은 말할 것도 없다. 그러나 파원이 매질에 대하여 운동하고 있어도 사출되는 파동의 매질에 대한 속도는 파원이 정지하고 있을 때와 변함이 없다.

먼저, 관측자가 매질에 대하여 정지하고 있고, 이에 대하여 진동수 ν인 음원이 속도 u_s로 운동하고 있다고 하자. 음속을 v라고 하면 어느 시각에 나온 파면은 1초 후에는 반지름 v의 구면이 되고, 전방에서 O_1, 후방에서 O_2에 달한다. 또 이때에 음원은 처음 위치 S로부터 u_s만큼 전방인 S′에 있다. 1

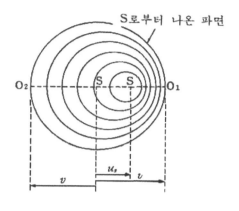

S로부터 나온 파면

〈그림 105〉 도플러 효과

초간에 나온 ν개의 파면은 전방에서는 v-u$_s$ 후방에서는 v+u$_s$ 가 되는 거리에 등간격으로 배열된다.

따라서 O$_1$, O$_2$에 있는 관측자에는 파장은 각각 본래의 파장 λ의 (v-u$_s$)/v, (v+u$_s$)/v배로, 즉 $\lambda'=\lambda(1-u_s/v)$, $\lambda''=\lambda(1+u_s/v)$ 라고 관측될 것이다. 〈수식 10-7〉으로부터 진동수는 본래의 진동수 ν와 비해 각각 $\nu'=\nu/(1-u_s/v)$, $\nu''=\nu/(1+u_s/v)$라고 측정되게 된다.

다음에 음원은 매질에 대하여 정지하고 있고 관측자 쪽이 속도 u$_0$로 이것에 접근하거나, 또는 멀어지는 경우는 어떨까? 이 경우에는 소리와 관측자와의 상대속도는 v+u$_0'$ 또는 v-u$_0$가 되기 때문에 정지하고 있는 관측자가 1초간에 거리 v사이에 있는 파면과 만나는 것에 대하여, 운동하고 있는 관측자는 같은 1초간에 거리 v+u$_0'$ 또는 v-u$_0$ 사이에 있는 파면과 만나게 된다. 거리 v 사이에 배열되는 파면수는 진동수 ν와 같다. 따라서 측정되는 진동수는 본래의 진동수 ν의 각각 $(v+u_0)/v$, $(v-u_0)/v$배, 즉 $\nu'=\nu(1+u_0/v)$, $\nu''=\nu(1-u_0/v)$가 된다.

이렇게 음원과 관측자의 매질에 대한 상대운동에 의하여 소리의 진동수가 변화하는 현상을 도플러(Christian Johann Doppler, 1803~1853) 효과라고 부른다. 기차나 비행기가 내는 소리가 그것들이 접근하고 있을 때는 높게, 멀어지고 있을 때는 낮게 들리는 것은 흔히 경험하는 일이다.

또한 음원 쪽이 운동하고 있을 경우와 관측자 쪽이 운동하고 있을 경우와는 다른 결과가 유도되는 것을 다시금 강조하고 싶다. 만일 원천이 파동이 아니고 입자를 방출하는 것이라면 어느 쪽이 운동하고 있어도 똑같은 결과가 유도될 것이다. 파동인 경우는 매질을 고려해야 하는 것이다.

또한 음원과 관측자가 모두 매질에 대하여 운동하고 있을 때에는 앞서의 식을 조합시킬 수 있다. 이를테면 각각 속도 u_s, u_0로 접근하고 있다면 $\nu'=\nu(1+u_0/v)/(1-u_s/v)$가 된다. 특히 $u_s u_0$가 v^2비해 작은 경우에는 $\nu'\fallingdotseq\nu[1+(u_s+u_0)/v]$와 근사하게 되어 관측되는 진동수는 음원과 관측자와의 사이의 상대속도 $u_r=u_s+u_0$만에 의존하는 것이다.

충격파

파원속도가 음속을 넘으면 어떻게 될까? 그 때는 〈그림 106〉과 같이 파원을 정점으로 하는 원뿔형 파면이 조성될 것이다. 파면 전후의 압력차는 대단히 크다. 이것이 충격파(衝擊波)이다.

탄환이나 제트기 등이 초음속으로 운동할 때 충격파가 발생

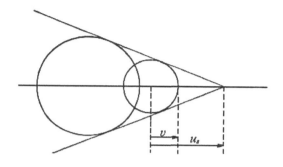

〈그림 106〉 충격파

한다. 우리는 흔히 유리창이 울리는 충격을 경험한다.

탄성파

소리를 예로 들어 파동의 다양한 성질을 알아보았다. 여기서 다시 탄성파(彈性波) 이야기로 돌아가자.

탄성파에 종파와 횡파가 있다는 것은 이미 설명하였다. 이들 파동의 속도는 탄성체의 밀도와 탄성률에 의하여 이론적으로 구할 수 있다.

(종파의 속도)

$$= \sqrt{\frac{(부피탄성률)+(4/3)\times(어긋남의 탄성률)}{(밀도)}} \quad \cdots\cdots \text{〈수식 10-8〉}$$

$$(횡파의 속도) = \sqrt{\frac{(어긋남의 탄성률)}{(밀도)}} \quad \cdots\cdots\cdots\cdots \text{〈수식 10-9〉}$$

〈수식 10-8〉과 〈수식 10-9〉를 비교하면 알 수 있듯이, 종파의 속도는 항상 횡파의 속도보다도 크다. 지진파(地震波)도 먼저

〈그림 107〉 탄성률이 클수록 탄성파는 빠르다(하위헌스의 『빛에 대한 논고』에서)

종파가 닥친 후 조금 늦게 횡파가 닥친다.

또 〈수식 10-9〉에 의하면 어긋남의 탄성률이 0이라면 횡파의 속도는 0이 된다. 즉 횡파는 존재하지 않게 된다. 어긋남의 탄성률을 갖지 않는 유체 중에서 횡파가 일어나지 않는다는 것은 이미 설명했다.

또한 음속이 공기 속, 물속, 쇠 속 등에서 각각 다른 값을 가진다는 것도 설명하였는데 이것도 〈수식 10-3〉으로부터 분명하다.

탄성률이 큰 강철을 일그러짐이 어떻게 빨리 전달되는가는 다음과 같은 실험에 의해 쉽게 확인될 수 있을 것이다. 〈그림 107〉과 같이 같은 크기의 강철 구를 서로 접촉시켜 일렬로 배열하고 그 열의 한쪽 끝에 역시 같은 크기의 강철 구를 충돌시켜 보자. 그렇게 하면 거의 순간적으로 다른 끝의 구가 1개 튕겨지는 것을 볼 수 있을 것이다.

음속과 분자운동

잠시 연속체에서 떠나 음속과 분자운동과의 관계에 대해 알아보자.

지금 기체중의 음속이 절대온도의 제곱근에 비례한다는 것을 상기하자. 이미 『물리학의 재발견(상)』 9장에서 논의한 것 같이 기체분자의 평균 운동 에너지는 절대온도에 비례한다. 따라서 음속은 기체분자의 평균속도와 비례하게 된다. 기체 밀도가 성긴 부분이나 밴 부분을 이동하여 가는 것은 결국 분자의 운동이므로 이것은 당연히 예상되는 바와 같다.

또 같은 온도에서는 분자의 평균속도는 분자 질량의 제곱근에 비례하므로 또한 음속도 분자 질량의 제곱근에 반비례할 것이다. 실제로, 이를테면 수소가스 속에서는 소리는 공기 중의 약 4배의 속도로 전파한다. 그리고 수소, 질소, 산소의 분자 질량비는 대략 2:28:32이다.

또한 아보가드로(Amedeo Avogadro, 1776~1856)의 가설(『물리학의 재발견(상)』 9장 「원자, 분자의 크기, 질량」)에 의하면 같은 온도, 같은 압력의 기체는 같은 부피에 같은 수의 분자를 함유하므로 기체중의 음속은 밀도의 제곱근에 반비례하게 되고 〈수식 10-8〉이 뜻하는 것과 같아진다.

비행기 연구에는 풍동(風洞)이 사용된다. 이것은 비행기 모형을 고정시켜 놓고 공기를 움직여서 실험하는 것으로 운동의 상대성으로부터 그 효과가 같다.

그러나 초음속의 바람은 만들어내기 어려울 뿐만 아니라 막대한 에너지를 소비한다. 그것을 보상하는 데는 앞서의 이론으로부터 공기의 온도를 낮추거나 분자 질량이 큰 기체를 사용하면 된다. 전기냉장고에 사용되는 프레온(Freon)이 풍동 시험에도 사용되는 것은 이 때문이다.

11. 빛

—빛은 에테르의 파동이다

광속도

광학은 역학과 더불어 가장 빨리 근대 물리학에 조립된 부문이다. 그것은 빛이 인간의 가장 뛰어난 감각인 시각의 대상인 것, 순수한 조건으로 실험하기 쉽다는 것, 거기에 수학적인 취급에 극히 적합하다는 것, 오히려 기하학 그 자체라고 해도 된다는 것 등에 의한 것이다.

17세기 후반, 광학의 비약적인 발전은 하위헌스나 뉴턴(Isaac Newton, 1642~1727)에 의하여 이룩되었는데, 1676년의 뢰머(Olaus Röemer, 1644~1710)에 의한 광속도의 측정도 극히 중요한 의미를 가지고 있다.

이것은 목성의 제1위성 이오(Io)의 식(蝕)을 이용한 것이다. 위성이 목성의 그늘에 들어가는 식은 일정한 주기를 가지고 있을 터인데, 그 주기는 지구가 목성으로부터 멀어지고 있을 때는 조금씩이지만 차츰 길어지고, 접근하고 있을 때는 차츰 짧아진다. 이것은 목성과 지구간의 거리 변화에 의하여 빛이 지구에 도달하기까지에 요하는 시간도 변화하기 때문인 것으로 생각된다. 따라서 반년 동안의 주기의 어긋남의 합으로 지구 궤도의 지름을 나누면 광속도가 얻어지는 것이다. 참고로 위성의 주기는 약 42.5시간, 1주기당의 어긋남은 10초 정도이다.

그 후 19세기 중엽이 되자 지구상의 실험에 의해서도 광속도 측정이 행해지게 되었다. 그중 하나는 고속도로 회전하고 있는 톱니바퀴를 사용하는 것으로 톱니와 톱니 사이를 지난 빛이 먼 곳에서 반사되어 되돌아 왔을 때, 다음 톱니와의 사이를 지나게 하면 빛의 통과거리와 그에 소요된 시간을 알 수 있어서 속도가 구해지는 것이다.

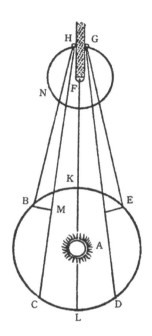

〈그림 108〉 목성의 위성의 식에 의한 광속도의 측정(하위헌스의 『빛에 대한 논고』에서)

이들 측정에 의해 얻어진 광속도는

$$c = 3 \times 10^{10} \text{cm/s} = 3 \times 10^{8} \text{m/s} \quad \cdots\cdots\cdots\cdots\cdots\cdots \langle \text{수식 11-1} \rangle$$

1초간에 30만 킬로미터, 지구의 7바퀴 반이라는 극히 큰 값이었다.

광속도가 아무리 큰 값이라도 물리적으로 유한하다는 것이 중요하다. 그러나 측정되기 이전의 소박한 경험들로부터, 빛이 순간적으로 전파되는 무한대의 속도를 가졌다고 생각하는 사람도 적지 않았기 때문이다.

최소시간의 원리

빛을 진행하는 광선의 모임이라 간주하고, 광선은 균일한 매질 내에서는 직진하고, 다른 매질 경계면에서는 반사, 굴절의 법칙에 따라 방향을 바꾸며, 역행이 가능하고, 또 서로 독립적이라 하여 빛의 현상을 기하학적으로 취급하는 것이 기하광학(幾何光學)이다.

기하광학에 있어서 빛의 직진, 반사, 굴절을 모두 통일적으로 파악한 것이 최소시간의 원리, 페르마(Pierre de Fermat, 1601~1665)의 원리이다. 즉 '빛은 소요시간이 가장 짧은 경로를 거쳐 진행한다.' 이때 광속도는 매질의 굴절률에 반비례한다고 가정한다.

최소시간의 원리에 의하면 균일한 매질 내에 있어서의 빛의 직진은 2점간을 최단거리로 잇는 것은 유클리드(Euclid, B.C. 약 330~275) 공간에서는 직선인 것에 의한다. 반사에 즈음해서는 입사각과 반사각이 서로 같을 때 빛의 경로는 가장 짧아진다. 굴절에 대해서는, 광속도는 광학적으로 밴 물질 속일수록 작으므로 전체 경로를 될 수 있는 대로 짧게 하고, 더욱이 광학적으로 밴 물질 내에서의 경로를 될 수 있는 대로 짧게 하려고 하면 광학적으로 성긴 물질로부터 밴 물질에 들어갈 때, 굴절각은 입사각보다 작아야 한다.

빛의 직진, 반사의 법칙, 굴절의 법칙이 모두 최소시간의 원리로부터 유도되는 것 같이 자연계의 여러 법칙은 각각 어떤

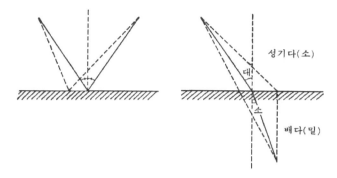

〈그림 109〉 최소시간의 원리와 빛의 반사, 굴절

물리량이 극소, 또는 극대 등의 극치(極値)를 취한다고 하는 가설로부터 유도되는 것이 아닐까.

실제로 물리학의 기본적인 방정식은 각각 적당한 물리량을 선정하면 그것이 극치를 취한다는 형식으로 고쳐진다는 것이다. 일반적으로 이것들은 변분원리(麥分原理)라고 불리고 있다. 역학에 있어서 뉴턴의 운동 방정식도 운동 에너지와 위치 에너지와의 차—이것은 라그랑주안(Lagrangian)이라 불리는데—를 시간에 관해 적분한 것이 극치를 취한다는 형식으로 고쳐질 수 있는 것이다.

변분원리는 물리학을 형식적으로 정비하여 그것을 체계화하는 데에 유력하지만 새로운 내용을 부가하는 것은 아니다. 뿐만 아니라 어떤 물리량이 왜 극치를 취해야 하는가를 설명해 주는 것이 아니라는 점도 주의해야 한다.

일반적으로, 변분원리는 자연이 하나의 목적, 빛은 소요 시간을 최소로 하려고 하는 목적을 가지고 운동하고 있다는 합목적적인 형이상학을 예상하고 있는 것이다.

빛의 입자설

그러면, 빛의 여러 가지 성질을 그 본체에까지 파고들어 설명해 보자. 빛은 대단히 크고 또 유한한 속도로 에너지를 전달한다. 우리는 이미 에너지의 전달에 두 가지 형식이 있다는 것을 알고 있다. 즉 입자의 흐름과 파동이다. 빛의 본체는 어느쪽일까?

먼저 입자설에 의해 빛의 여러 현상을 설명하겠다.

첫째, 빛의 직진은 운동의 제1원리로부터 분명하다. 둘째, 빛의 반사는 마치 벽을 향해 탄성구가 던져졌을 때 되튕겨지는 것과 마찬가지다. 셋째, 빛의 굴절은 다음과 같이 생각하면 될 것이다.

광입자가 공기 중으로부터 광학적으로 밴 물질(물이나 유리) 표면에 접근하면 그 물질은 표면에 수직한 인력을 광입자에 미치고, 또한 이 힘은 물질의 극히 근방에밖에 작용하지 않는다고 하면, 운동의 제2원리에 의해 힘의 작용을 받은 광입자는 경계면에 세운 법선 가까이에서 휠 것이다. 그리고 그 속도는 공기 중에서보다도 커질 것이다. 이렇게 빛의 입자설에 의하면 광학은 역학에 환원된다.

최소작용의 원리

입자설은 또한 최소작용의 원리, 모페르튀(Pierre Louis Moreau de Moupertuis, 1698~1759)의 원리에 기초한다. 즉 「빛은 작용이 가장 작은 경로를 지나 진행한다」. 여기서 작용이란 운동물체의 질량과 속도의 크기와 운동거리와의 곱으로 주어지는 양이다. 그리고 광속도는 매질의 굴절률에 비례한다고 가정된다.

지금, 빛이 굴절률 n_1의 물질 중의 한 점으로부터 굴절률 n_2의 물질 중의 한 점까지 전해 퍼져나간다고 하자. 이들 물질 중의 광속도는, 가정에 의하면 각각 n_1c, n_2c이다. 입자의 질량을 m이라 하고, 굴절률 n_1, n_2인 물질 중을 통과하는 거리를 각각 s_1, s_2라고 하면 구하는 작용은 $m(n_1c)s_1+m(n_2c)s_2$가 된다. 이 값이 가장 작아지는 것은 m과 c는 일정하므로 $n_1s_1+n_2s_2$가 제일 작아질 때이다.

이것은 최소시간의 원리가 요구하는 것과 똑같은 조건이다. 왜냐하면, 이 경우는 두 물질 중의 광속도는 각각 c/n_1, c/n_2로 가정되므로 빛의 전파에 요하는 시간은 $s_1/(c/n_1)+s_2/(c/n_2)$가 되고, 이 값이 가장 작아지는 것은 c는 일정하므로, 역시 $n_1s_1+n_2s_2$가 제일 작아질 때인 것이다.

이리하여 최소시간의 원리, 최소작용의 원리의 어느 것에 의해서든 빛의 직진, 반사의 법칙, 굴절의 법칙이 유도된다. 다만 광속도는 전자에서는 굴절률에 반비례한다고 가정하고, 후자에서는 비례한다고 가정하고 있는 것이다.

빛의 파동설

다음으로 파동설에 의해 빛의 여러 현상을 설명하겠다.

빛의 반사나 굴절은 앞 장에서 설명한 소리 따위의 일반적인 파동과 마찬가지로 하위헌스의 원리를 통해 설명할 수 있다. 원래, 이 원리는 하위헌스의 저서 『빛에 관한 논고』(1690)에서 처음으로 제출된 것이다.

하위헌스의 원리에 의하여, 빛의 굴절 법칙을 유도하기 위해서는 앞 장의 〈그림 102〉의 (b)에 관한 설명에서 보듯이 광파의 속도는 광학적으로 밴 물질 속일수록 작다고 해야 한다. 따라서 빛의 입자설이 최소작용의 원리가 기초로 되는 데 대하여, 파동설은 최소시간의 원리를 기초로 한다.

색

그러면 색은 입자설, 파동설에 의해 어떻게 설명될까?

입자설에서는 갖가지 색의 빛에는 각각에 대응하는 광입자를 가정해야 한다. 예를 들면 보라색광으로부터 적색광으로 점차 커지는 광입자를 생각하면 매질 경계면에 있어서 속도의 변화가, 따라서 굴절률이 적색에 가까울수록 작아지고 프리즘에 의한 백색광의 분산이 일어나게 된다.

파동설에서는 갖가지 빛의 색은 진동수, 또는 파장의 차에 의해서 설명된다. 감각에 있어서 질적인 다양성을 한 가지의 양적인 차로 귀착시킬 수 있다. 분산은 광속도가 물질 속에서는 진공 중에서와는 달라 진동수에 따라 달라진다고 생각하면 된다.

빛의 회절, 간섭

그렇더라도 빛이 만일 파동이라면 회절하여 그림자가 흐릿해지거나, 간섭을 일으킬 것이다. 앞장에서 설명한 것 같이 소리나 물의 파동이 회절이나 간섭을 일으키는 것은 우리가 일상 경험하는 바이지만, 빛은 이러한 현상을 일으키지 않고 각각의 빛이 독립적이며, 또한 완전하게 직진하는 것 같이 보인다.

그러나 한 광원으로부터 사출된 빛을 근접한 두 개의 가는 틈새를 통과시켜 스크린에 투사하면, 스크린에는 두 개의 밝은

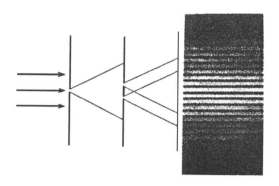

〈그림 110〉 빛의 간섭

선이 아닌 명암을 가진 무늬가 비친다. 이것은 두 개의 가는 틈새를 통과한 빛이 각각 회절하고, 또 서로 간섭하는 결과라고 생각된다. 빛이 회절을 일으키지 않고 완전히 직진하는 것처럼 보인 것은 그 파장이 극히 짧기 때문이다.

2차파의 간섭도 고려하면 빛의 직진이나 회절이 하위헌스의 원리에 의해 설명될 수 있다는 것은 일반적인 파동과 마찬가지다.

빛의 간섭을 입자설로 설명하기는 극히 어려운 것 같이 생각된다.

실험에 의하면 물속에서의 광속도는 공기 중에서 보다 작고, 일반적으로 광학적으로 밴 물질 속일수록 광속도는 작다는 것을 알았다. 이것은 입자설이 굴절을 설명하기 위해 가정한 것과는 반대여서 파동설의 가정과 일치한다.

이리하여 우리는 빛은 입자의 흐름이 아니고 파동이라는 결론에 도달한다.

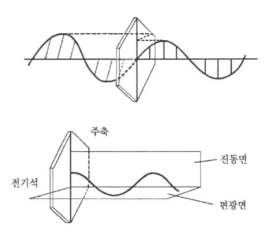

<그림 111> 빛의 편의

편의

또한 빛에는 편의(偏倚)라는 현상이 있다. 결정축(結晶軸)에 평행하게 얇게 자른 전기석판(電氣石板)을 두 장 준비하고 전기석한 장을 투과시킨 빛을 다른 한 장의 전기석에 입사시켜 두 결정축이 이루는 각을 여러 가지로 바꾸면서 투과하는 빛의 세기를 조사해 보자. 그렇게 하면, 두 결정축이 평행한 때에는 투과광의 세기는 입사광의 세기와 같다. 결정축 간의 각도가 벌어짐에 따라 투과광의 세기는 점차 약해지고, 결정축이 서로 수직이 되면 입사광은 모두 흡수되어 버린다.

이것은 전기석을 투과한 빛이 진행 방향 외에 이것과 수직하게 어떤 방향성을 갖는다는 것을 의미한다. 이러한 현상을 빛의 편의라 하고, 편의된 빛을 편광이라 한다.

앞 장에서 지적한 것 같이 종파는 그 진행 방향 외에는 파동을 특징짓는 방향성을 갖지 않는다. 횡파는 진행 방향 외에 이것과 수직한 진동 방향에 의해 특징지어진다. 따라서 편의현상을 설명할 때, 빛은 종파가 아닌 횡파라고 해야 한다.

그리고 전기석 결정을 투과한 빛은 그 결정축에 평행한 방향으로 진동하고 있다고 하면 된다. 파동이 그 속에서 진동하고 있는 면은 진동면, 이것에 수직한 면은 편광면이라 불린다.

이렇게 빛의 파동설은 19세기 초에 영(Thomas Young, 1773~1829)이나 프레넬(Augustin Jean Fresnel, 1788~1827)에 의해 확립되었다.

또한 하위헌스의 파동설에 대하여 뉴턴은 입자설을 주장한 것처럼 일컬어졌지만 뉴턴은 결코 단순한 입자를 생각한 것은 아니었다. 빛에는 어떤 주기적인 성질이 있다는 것뿐만 아니라 그것을 피츠라고 부르기도 했다.

체와 용

빛의 본성을 입자, 또는 파동이라 생각하는 것은 『물리학의 재발견(상)』 9장에서 열의 본성에 대해 논의한 것처럼 빛을 실체로서 파악하는가, 상태로서 파악하는가, 즉 빛을 재료에 의해 파악하는가, 양식에 의해 파악하는가, 그리스 철학의 말을 빌리면 질료(質料)에 의해 파악하는가, 형상(形相)에 의하여 파악하는가 하는 두 가지 생각에 대응하고 있다. 또한 이것은 불교나 그것을 채택한 주자학(朱子學)에 의하면 체(体)에 의해 파악하는가, 용(用)에 의하여 파악하는가 하는 문제가 될 것이다.

후에 발견된 음극선, X선, 방사성 물질로부터 나오는 방사선에 대해서도, 그것이 입자의 흐름인가 파동인가가 중요한 문제가 되었다.

54

파동광학

빛을 파동으로 다루고, 그것에 의해 빛의 여러 현상을 설명하려는 것이 파동광학이다. 또한 이것은 기하광학에 대하여 물리광학이라고 불린다.

광파의 파장을 λ, 진동수를 ν라고 하면 그 속도와의 사이에는 〈수식 10-7〉에 의하여,

$$c = \lambda\nu \quad\cdots\cdots\cdots\cdots\cdots\cdots\cdots\cdots\cdots\cdots\cdots\cdots\cdots\cdots\cdots\cdots\cdots\cdots \quad 〈수식 11-2〉$$

가 성립된다는 것은 말할 것도 없다.

광파의 파장은 적색광 $8,100 \times 10^{-8}$ ㎝로부터 자색광 $3,800 \times 10^{-8}$m에 이르는 미크론보다 조금 짧은 정도의 값이다. 가시광선 범위의 바깥쪽에 파장이 보다 긴 적외선, 보다 짧은 자외선 등도 존재하는데, 이것은 다음 장에서 정리된 표로 살펴보자.

또 〈수식 11-2〉은 진공 중에서 성립하는 관계식으로서 그 굴절률을 n이라고 하면 물질 중에서는 진동수 ν는 변하지 않지만 속도는 c/n, 파장도 λ/n가 된다. 또 일반적으로는 굴절률도 진동수, 따라서 파장에 의해 달라진다.

광파에 도플러 효과가 나타나는 것은 말할 것도 없다. 광원의 속도 u_s와 관측자의 속도 u_0와의 곱이 광속도 c의 제곱과 비해 작다면 앞 장에서 유도한 식을 쓸 수 있다. 관측되는 빛의 진동수는

$$\nu' = \nu(1 \pm \frac{u_r}{c}) \quad\cdots\cdots\cdots\cdots\cdots\cdots\cdots\cdots\cdots\cdots\cdots\cdots\cdots\cdots \quad 〈수식 11-3〉$$

로 표시되며, 광원과 관측자간의 상대속도 u_r에만 의존하게 된다. 특수상대성 이론에 의하여 유도되는 정확한 식에 있어서

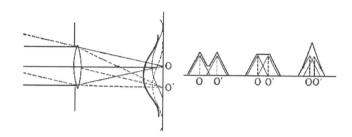

〈그림 112〉 분해능

이 〈수식 11-3〉은 광원과 관측자간의 상대속도가 빛의 속도에 비해 작다고 할 때의 근사식으로도 되고 있다.

파동광학의 성과의 하나로서 망원경이나 현미경 등 광학 기계의 분해능에 대해서도 설명해 두겠다.

작은 구멍을 통과한 빛을 렌즈로 집속시키면 회절된 빛이 겹쳐져 간섭을 일으킨다. 그 때문에 명암의 고리가 생기고, 한 가운데 밝은 원형 광원의 상은 확대된다. 따라서 두 물체(이를테면 별)의 거리가 어느 값보다 작으면 광학기계에 의하여 회절상이 겹쳐져서 두 물체로서 구별할 수 없게 된다. 광학기계에 의한 두 점으로 판별할 수 있는 최단거리를 그 광학기계의 분해능(分解能)이라 한다.

망원경이나 현미경은 배율이 커야 할 뿐만 아니라 분해능도 좋아야 한다. 망원경은 광파장이 짧을수록, 대물렌즈의 지름이 클수록, 그리고 현미경은 광파장이 짧을수록, 대물렌즈로부터 물체를 보는 각도가 클수록 그 분해능이 좋아진다.

또 양자론에 바탕을 둔 최근의 광학 발전으로서 레이저 (Laser)에 대해서 언급해 두겠다. 레이저광선은 마루나 골의 상이 고른 빛으로서 간섭성이 높고 단색광이며 평행으로 되어 있어 지향성이 강하고 멀리까지 확산되지 않고 전파된다. 또 극히 높은 에너지 밀도를 가졌다는 점이 뚜렷한 특징이다. 이를테면 그 강한 지향성을 응용한 보기로서 천체까지의 거리 측정이 있다. 말하자면, 그 왕복시간을 재는 것이다. 달까지의 거리 따위는 오차가 겨우 수 센티미터라는 정밀도로 구해진다.

에테르

그렇다면, 광파가 파동이라면 광파를 전파하는 매질은 무엇일까? 파동이란 매질의 진동이 차례차례 전파되는 현상이다. 매질을 빼고서는 파동을 논할 수 없는 것이다.

빛은 기체, 액체, 고체를 막론하고 전파한다. 진공으로 간주되는 우주 공간에서도 전파된다. 따라서 우리는 광파를 전파하는 매질이 전 우주를 채우고 있다고 가정하지 않을 수 없다. 이것을 에테르(Ether)라고 부르기로 하자(독일: Äther, 프랑스와 네덜란드: Ether). 즉 빛은 에테르를 전해 퍼지는 탄성파이다.

그런데 빛은 횡파이므로 그 속도는 〈수식 10-9〉과 같이 매질 밀도의 제곱근에 반비례하고 어긋남의 탄성률의 제곱근에 비례할 것이다. 광속도는 극히 크기 때문에 에테르의 밀도는 극히 작고, 어긋남의 탄성률은 극히 커야 한다.

밀도가 극히 작다는 것은 에테르가 진공이라고 간주되는 곳에도 존재하기 때문에 타당한 것 같이 생각된다. 그러나 어긋남의 탄성률이 극히 크다는 것은 근소한 어긋남에도 원상태로 되돌아가려 하는 큰 응력이 작용한다는 뜻이다. 강철 혹은 또는 그보다도 더 딱딱한 것임을 의미하고 있고, 만일 에테르가 이런 것이라면 그 속을 운동하는 물체는 강한 저항을 받을 터인데도 사실은 전혀 이것과는 상반된다.

즉 에테르는 광학현상에 있어서는 물체와 상호작용하지만 역학현상에서는 상호작용하지 않는다는 기묘한 사태를 일어나게 한다.

또 에테르에는 횡파만으로 종파는 존재하지 않는다. 그러면 종파의 속도가 0인 탄성체란 어떤 것일까? 〈수식 10-8〉에 의하면 (부피 탄성률)+(4/3)(어긋남의 탄성률)=0이어야 하며, 따라서 부피 탄성률이 마이너스가 되어버린다. 이를테면, 이것은 압축하면 그 응력은 더욱 압축을 추진하는 방향으로 생긴다는 것을 의미한다. 이러한 매질이 불안정하다는 것은 말할 것도 없다.

이리하여, 빛의 현상을 역학적인 입장으로부터 설명하려 고 도입된 에테르는 모든 곤란을 그 자신에 집중시켰다. 에테르의 역학적 구조를 설명하는 일은 거의 불가능하다. 따라서 원래 빛의 현상을 역학적으로 설명하려 한 데에 오류가 있었던 것처럼 생각된다.

12. 전자기장
—전자기장의 에너지는 공간에 축적된다

쿨롱의 법칙

전자기학은 물리학의 다른 여러 부문보다 늦게 발달하였다. 이것은 전기나 자기를 직접 포착할 수 있는 감각이 우리에게 결여되어 있다는 사정 때문일 것이다.

전기나 자기를 수량적으로 다루게 된 것은, 1785년 쿨롱(Charles Augustin de Coulomb, 1736~1806)에 의하여 발견되었다. 또 이것과는 독립적으로 캐번디시(Henry Cavendish, 1731~1810)에 의해 발견된, 이른바 쿨롱의 법칙에서도 기인했다. 즉 「대전체(자극) 간에 그것들이 이종(異種)의 전기(자기)를 띠고 있는가, 동종의 전기(자기)를 띠고 있는가에 따라 인력, 또는 반발력이 작용하고, 그 크기는 각 전기량(자기량)을 곱한 것과 비례하고 거리의 제곱에 반비례한다」.

이 법칙은 전기량(전하)을 e_1, e_2 자기량(자하)을 m_1, m_2 그것들의 거리를 r이라 하고, 작용하는 힘을 f라고 하면 각각 다음과 같이 나타낼 수 있다.

$$f = \frac{1}{4\pi\varepsilon_0}\frac{e_1 e_2}{r^2}$$ ··· 〈수식 12-1〉

$$f = \frac{1}{4\pi\mu_0}\frac{m_1 m_2}{r^2}$$ ··· 〈수식 12-2〉

여기서, ε_0는 진공의 유전율, μ_0는 진공의 투자율이라 불리는 상수이며, 이들 양의 의미는 차차 밝혀질 것이다(ε는 엡실론, μ는 뮤라고 읽는다).

이러한 정전기나 정자기에 대한 쿨롱의 힘은 『물리학의 재발견(상)』 5장의 〈수식 5-2〉와 비교하면 알 수 있듯 만유인력을 꼭 닮았으므로 이것도 직달작용이며, 그 작용은 시간이나 중간

〈그림 113〉 전기장과 전기력선

매질 필요 없이 전해 퍼진다고 생각할 수 있다. 물질과는 본질
적으로 무관계한 공허한 공간의 존재가 예상되는 것이다.

전기장

그러나 다음과 같이 생각할 수도 있을 것이다. 대전체 주변
공간은 그것이 없을 때와 달리 전기적으로 어떤 종류의 일그러
짐을 가지고 있고, 따라서 거기에는 어떤 종류의 응력이 작용
하고 있다. 이 공간에 다른 대전체를 놓으면 그것에 쿨롱의 힘
이 작용한다.

즉 대전체 주변 공간에는 힘이 잠재하고 있어서 거기에 따른
대전체를 놓으면 그 힘이 뚜렷하게 나타나는 것이다. 이러한
공간을 전기장(電氣場), 또는 전계(電界)라고 불린다. 지금 생각하
고 있는 시간적으로 변화하지 않는 전기장은 특히 정전기장(靜
電氣場)이라 불린다.

앞서 『물리학의 재발견(상)』 5장에서 설명한 중력장을 상기하
기 바란다. 일상적으로 사용되는 분위기라는 말이 장의 이미지
를 잘 나타내고 있는 것 같이 생각된다.

지금, 정전기장 속에서 작은 플러스의 하전체(荷電休)를 그것
에 작용하는 힘의 방향에 따라 움직이면 〈그림 113〉과 같이

많은 곡선이 그려지고, 그 위의 각 점에 있어서의 접선 방향으로 그 점에 작용하는 힘의 방향을 나타낼 수 있다. 이러한 곡선을 전기력선이라 한다. 물론 정확하게는 이것은 입체적으로 그려야 한다.

일반적으로 전기력선은 양전기로부터 시작하여 음전기에서 끝나며 도중에서 생기거나 없어지는 일은 없고, 또 교차되거나 분기되는 일도 없다. 왜냐하면 장의 한 점에 작용하는 힘의 방향은 어디서나 단 하나로 정해져 있기 때문이다.

또한 전기력선을 그것에 수직한 면을 통과하는 개수가 그 점에 작용하는 힘의 크기와 비례하도록 그리고, 힘의 크기를 그 밀도로 표시할 수 있다.

점상(點狀)의 대전체가 단지 하나만 존재할 때, 그 주위의 전기력선의 밀도는 대전체로부터의 거리의 제곱에 반비례하기 때문에 그것에 의해 쿨롱의 법칙을 나타낼 수 있다(『물리학의 재발견(상)』 5장 「만유인력과 공간의 차원」 참조).

전기장의 세기

지금까지 작은 플러스의 하전체를 사용하여 그것에 작용하는 힘을 측정하여 전기장의 상태를 알아보았다. 대전체에 작용하는 힘의 방향은 그 전기량에 의존하지 않지만, 작용하는 힘의 크기는 그 전기량과 비례한다. 따라서 전기장의 세기는 어떤 일정한 전기량에 작용하는 힘의 크기로 표시해야 한다.

전기량은 쿨롱이라는 단위로 측정하므로 1쿨롱의 플러스의 전기량에 작용하는 힘의 크기, 방향, 방위를 그 시각, 그 점에 있어서의 전기장의 세기, 방향, 방위라고 정의한다.

즉 e쿨롱의 전기량에 f뉴턴의 힘이 작용할 때, 전기장의 세기 E뉴턴/쿨롱=V/m는

$$f = eE$$ ··· 〈수식 12-3〉

에 의해 구해진다.

전기력선의 밀도가 전기장의 세기와 비례하고 그 접선 방향이 전기장의 방향을 준다는 것은 말할 필요도 없을 것이다.

특히, 〈수식 12-1〉을 만족시키는 정전기장에 대해서는 그 세기는

$$E = \frac{1}{4\pi\varepsilon_0}\frac{e}{r^2}$$ ······································· 〈수식 12-4〉

가 되어 거리의 제곱에 반비례한다.

전자기학의 단위계

여기서, 전자기의 단위를 설명해 두겠다. 이 책에서는 MKSA 단위계를 썼고, 길이에 m, 질량에 kg, 시간에 초, 그리고 전류의 세기는 A를 기본단위로 하고 다른 물리량의 단위는 이 넷으로 조립한다. 이를테면 앞에서 설명한 전기량(전하)의 단위 쿨롱은 1A의 전류가 1초간에 나르는 전기량을 1쿨롱이라 정의하고 있어서, 즉 쿨롱=A·s라고 표기한다.

A는 전류간에 작용하는 힘에 의해 결정되는데, 그것은 생략하고 그 크기의 대략적인 이미지를 얻기 위해 전압 100V의 가정을 예로 들면, W=V·A이므로 100W의 전구에는 1A의 전류가, 1kW의 전기스토브에는 10A의 전류가 흐르게 된다.

또 〈수식 12-1〉, 〈수식 12-2〉에 표시한 정수 ε_0와 μ_0는 단

위를 이렇게 선정하면 각각 $\varepsilon_0 = 8.85 \times 10^{-12} (쿨롱)^2/뉴턴 \cdot (m)^2$
$\mu_0 = 1.26 \times 10^{-6}$뉴턴$/(A)^2$으로 주어진다.

물론 제4의 기본단위를 도입하지 않더라도 길이, 질량, 시간의 세 기본단위만으로도 전자기적인 양의 단위를 모두 조립할 수 있다. 이를테면 〈수식 12-1〉에서 비례정수를 1이라 두면 $f = e_1 e_2/r^2$가 되어 전기량의 단위는 힘과 길이, 따라서 길이와 질량과 시간 단위로 조립된다. 즉,

$$(전기량의 \, 단위) = \sqrt{(힘의 \, 단위) \cdot (길이의 \, 단위)^2}$$
$$= \sqrt{(길이의 \, 단위)^3 (질량의 \, 단위)/(시간의 \, 단위)^2}$$

가 되어, cgs단위계에서는 $\sqrt{g \cdot cm^3/s^2}$가 된다.

3원 단위계와 4원 단위계는 각각 특색을 가지고 있는데, 나중에 나오는 전기변위의 의미를 분명히 하기 위해 이 책에서는 MKSA 4원 단위계를 사용하기로 한다.

자기장

이상의 고찰은 자기장(자계)에 대해서도 똑같이 적용할 수 있다. 자기량은 웨버라는 단위로 측정되고, 이것은 뉴턴·m/A와 같다. 따라서 자기장의 세기, 방향, 방위는 1웨버의 플러스(N)의 자기량에 작용하는 힘의 크기, 방향, 방위에 의해 정의된다.

즉 m웨버의 자기량에 f뉴턴의 힘이 작용할 때, 자기장의 세기 H뉴턴/웨버=A/m는

$$f = mH \quad \cdots\cdots\cdots\cdots\cdots\cdots\cdots\cdots\cdots\cdots\cdots\cdots\cdots\cdots\cdots \quad 〈수식 12-5〉$$

에 의해 구해진다.

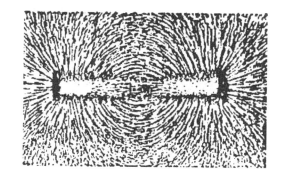

〈그림 114〉 자석 주위의 철분과 자력선

자석 위에 종이를 놓고 쇳가루를 뿌리면 생생한 자력선의 존재를 직접 눈으로 확인할 수 있을 것이다(그림 114). 또 태양 자기장의 상태는 표면의 활동 상황으로부터 알 수 있고, 흑점은 자력선이 태양 내부로부터 출입하는 곳이라고 생각되고 있다.

그러나 지금까지의 논의에서는 장은 힘의 작용의 한 표현법에 불과한 것 같이 생각된다.

인력이나 반발력이 아닌 힘

1820년 외르스테드(Hans Christian Oersted, 1777~1851)에 의해 발견된 전류의 자기작용에 대하여 살펴보기로 하자.

지금 철사를 자침 근처에 그것과 평행하게 놓고 철사에 전류를 흘리면 자침이 움직여 원래의 위치와 다른 방향을 가리킨다(〈그림 115〉 참조). 이 발견은 그때까지 닮기는 했어도 다른 것이라고 생각되어온 전기와 자기 사이에 대단히 밀접한 관계가

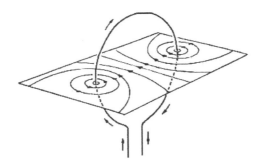

〈그림 115〉 전류의 자기작용

있다는 것을 나타내는 중요한 일인데, 또 하나 주목해야 할 점
은 전류와 자침 사이에서 작용하는 힘이 인력이나 반발력이 아
니고 둘을 연결하는 방향과 수직하게 회전하도록 작용한다는
것이다.

다시 1878년 롤런드(Henry Augustus Rowland, 1848~1901)
가 실험한 것 같이 전류 대신에 전기를 띤 작은 공을 굴려도
역시 자침은 흔들린다. 둘 사이에 작용하는 힘은 그것들을 연
결하는 방향과 수직하고, 또한 하전구(荷電球)의 속도를 크게 하
면 자침의 흔들림이 커진다. 즉 힘의 방향이 전기와 자침과를
연결하는 선상에 없을 뿐만 아니라 그 세기는 거리 외에 속도
와도 관계가 있는 것이다.

역학적 자연관의 조락

지금까지 우리는 자연현상을 모두 세기가 거리에만 의존하는
인력, 또는 반발력에 귀착시키려 힘써왔다. 행성운동은 물론이
고 열현상도 이 입장에서 설명되었다. 빛의 입자설은 이러한

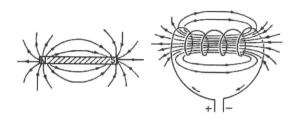

〈그림 116〉 막대자석과 솔레노이드의 자기장

입장으로부터 빛을 설명하려는 시도였다. 전자기현상에 대해서도 쿨롱의 법칙은 확실히 이 입장을 지지하는 것 같이 생각된다. 빛의 파동설일지라도 원래는 빛의 여러 현상을 매질의 역학적 성질로부터 설명하려는 것이었다.

이러한 자연현상을 모두 역학에 의하여 설명하려는, 아니 차라리 설명되어야 한다는 신조는 역학적 자연관이라 불린다.

그러나 전류의 자기작용은 세기가 거리에만 의존하는 인력 또는 반발력에 의해 설명할 수 없고, 역학에서는 나타나지 않았던 복잡한 힘, 세기가 속도에 의존하고 상호작용 하는 두 물체를 연결하는 선과 수직한 방향으로 작용하는 힘을 도입해야 한다.

이에 대해 전류가 흐르고 있는 철사 주위에는 자기장이 존재하고, 그리고 그 자력선은 〈그림 115〉와 같이 철사 주위를 둘러싸고 있다고 하면 전류의 자기작용은 쉽게 설명된다.

철사를 몇 겹으로 감아 코일(솔레노이드)을 만들고 전류를 흘리면 이것이 만드는 자기장과 막대자석의 자기장은 〈그림 116〉처럼 자력선의 모양이 같다는 것을 알 수 있다. 그리고 실제 둘은 동등한 자기작용을 가지고 있는 것이다.

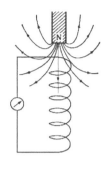

〈그림 117〉 전자기 유도   〈그림 118〉 패러데이

즉 장만이 현상의 기술에 대해 본질적인 것이며, 그 원천으로부터 독립적인 것이라고 말할 수는 없어도 장은 원천에 의하지 않는 독자성을 갖는다.

자연의 갖가지 힘은 서로 관계가 있다

그럼, 전기로부터 자기를 얻을 수 있다면, 거꾸로 자기로부터도 전기를 얻을 수 있음이 틀림없다. 이러한 기대에 유발되어 패러데이(Michael Faraday, 1791~1867)는 1831년, 전자기유도 현상을 발견하였다. 쇠고리에 두 개의 코일을 감고, 한쪽 코일을 전지에 접속했다 절단하면 다른 쪽 코일에 전류가 흐른다. 또한 코일 속에 막대자석을 넣었다 뺐다 할 때에도 코일에 전류가 흐른다.

패러데이는 전자기유도 연구를 통해 역선의 개념에 도달했는데, 그가 유도전류를 일으키는 힘을 설명하기 위해 사용한 「철사가 자력선을 자른다」는 표현이야말로 그의 전자기장의 이미지를 상징하는 것이다.

외르스테드는 자연도 단지 하나의 것의, 즉 세계정신의 자기 전개라고 생각하는 독일 자연 철학에 유도된 것이라 생각되며, 영국의 패러데이도 자연의 갖가지 힘은 서로 관계가 있다는 강력한 예상을 품고 있었다.

전기와 자기와의 관계가 밝혀진 데 이어 빛과 자기와의 관계를 증명한 것이 패러데이 효과의 발견이다. 이것은 자기에 의해 빛의 편광면이 회전하는 현상이다.

또 그는 중력과 전기와의 관계를 구하려다가 부정적인 결과를 얻기도 했다.

전기장의 세기는 매질에 의존한다

장이 힘 작용의 하나의 **표현 방식**에 불과한 것이 아니고 실제로 존재하는 것이라면 그 공간이 진공인가, 물질에 의해 **충만한**가에 의존함이 틀림없다.

지금 두 장의 도체판을 맞대어 수평으로 놓고 그것들에 등량(等量)으로 부호가 다른 전기를 주면 그것들 사이에는 전기장이 생기고, 전기는 서로 끌어당겨져 판에 축적된다. 이것은 **평행판 콘덴서**로서 판은 극판(極恨)이라 불린다.

평행판 콘덴서의 전기장은 거의 극판 사이의 공간에 한정된다. 예상되는 것 같이 방향은 극판과 수직하고 플러스의 극판으로부터 마이너스의 극판으로 향하고, 그 세기는 어디든지 같고 극판 1㎡당의 전기량에 비례하고 있다. 즉 전기장의 세기 E는 극판에 축적된 전기량을 Q, 극판의 넓이를 S라고 하면,

$$E = \frac{\rho}{\epsilon_0}, \ \rho = \frac{Q}{S} \quad \text{··} \quad \langle수식 12-6\rangle$$

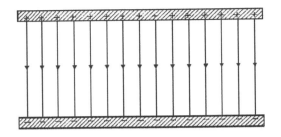

〈그림 119〉 평행판 콘덴서의 전기장

로 주어진다. 여기서 ε_0는 진공의 유전율이다(ρ는 로라고 읽는다).

  콘덴서의 극판 사이에 공기나 기름, 운모 따위의 절연체(부도체)를 넣어 보자. 그러면 전기장의 세기는 진공인 때와 비해 약해지고, 따라서 같은 세기의 전기장을 얻기 위해서는 극판에 보다 많은 전기량을 주어야 한다. 전기장의 세기는 매질에 의존한다. 절연체의 이러한 성질을 강조할 때 이것을 유전체(誘電休)라 부른다.

  이리하여 전기장의 세기는 유전체에 충만되었을 때 역시 전기량과 비례하지만 〈수식 12-6〉의 ε_0에 해당하는 상수가 달라진다고 생각되고,

$$E = \frac{\rho}{\epsilon} \quad \cdots\cdots\cdots\cdots\cdots\cdots\cdots\cdots\cdots\cdots\cdots\cdots\cdots\cdots \quad 〈수식 12-7〉$$

로 주어지게 된다. 여기서 ϵ는 그 유전체의 유전율이라 불린다. 즉 전기장의 세기는 매질의 유전율과 반비례한다.

  일반적으로, 유전체의 유전율 ϵ은 진공의 유전율 ε_0보다 크고 이들의 비 $\varepsilon_r = \epsilon / \varepsilon_0$는 비유전율이라 불린다. 공기의 비유전율은 1.0006으로 진공과 그다지 다르지 않고, 기름은 2~3, 운

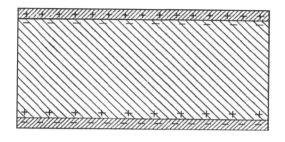

<그림 120> 편극

모는 6~8, 타이타늄산바륨은 5,000이다.

유전체의 편극

이 현상은 다음과 같이 설명될 것이다. 전기장이 약해진 것은 전기장의 원천으로 유효하게 작용하는 전기량이 감소하였다는 것을 의미한다. 극판의 전기량에는 증감이 없으므로 이것은 상쇄되는 전기량이 생긴 것이 된다. 이것은 유전체에 구해야 한다. 유전체가 전기장 속에 있으면 유전체에 포함되는 플러스, 마이너스의 전기는 각각 반대 방향으로 끌려 조금 어긋날 것이다. 그래도 극판에서 떨어진 곳에서는 플러스, 마이너스가 상쇄되어 역시 중성인데 극판 근처에서는 어긋난 플러스, 마이너스의 전기가 스며나와 극판 전기의 일부분을 상쇄하는 작용을 한다고 생각된다. 이러한 현상을 편극(偏極, 분극)이라고 한다.

그러면 편극은 어떻게 측정할 수 있을까? 그것은 편극전하의 마이너스로부터 플러스로 향하고, 따라서 전기장과 평행하고 방향도 같다고 생각해도 될 것이다. 그 크기는 편극전하와도 그 거리와도 비례할 것이다. 그래서 편극전하와 그 거리와의 곱의 1㎥당 값을 채용해 보자.

지금, 편극된 전기량을 Q′라 하자. 편극전하의 거리는 극판 간격 d와 같다. 그렇게 되면 편극의 크기 P는 Q′d/Sd=Q′/S 가 되고,

$$P = \rho', \quad \rho' = Q'/S \qquad \text{〈수식 12-8〉}$$

로 주어진다.

그런데 전기장의 세기 E는 유효하게 작용하는 전하밀도 $\rho - \rho'$에 의하여 다음과 같이 표시될 수도 있다.

$$E = \frac{\rho - \rho'}{\epsilon_0} \qquad \text{〈수식 12-9〉}$$

같은 전기장의 세기 E를 나타내는 두 식 〈수식 12-7〉, 〈수식 12-9〉로부터 ρ를 소거하고, ρ'에 〈수식 12-8〉을 대입하면,

$$\epsilon_r = \frac{\epsilon}{\epsilon_0} = 1 + \frac{P}{\epsilon_0 E} \qquad \text{〈수식 12-10〉}$$

가 된다.

비유전율 ϵ_r이 물질에 의하여 결정되는 상수라는 것은 편극 P가 전기장 E와 비례한다는 것을 의미한다. 즉,

$$P = \chi_e(\epsilon_0 E) \qquad \text{〈수식 12-11〉}$$

여기에 나타나는 비례정수 χ_e는 편극률이라 불러도 될 것이다. 〈수식 12-11〉을 〈수식 12-10〉에 넣으면

$$\epsilon_r = \frac{\epsilon}{\epsilon_0} = 1 + \chi_e \qquad \text{〈수식 12-12〉}$$

가 되어 비유전율과 편극률과의 관계가 유도된다.

전기적 일그러짐—전기변위

   다음에, 극판 사이에 두께가 그 간격보다도 얇은 유전체를 삽입하고 그것과 극판과의 사이는 진공인 채로 두기로 하자. 이때, 〈그림 121〉과 같이 전기장은 세기가 그 장소의 매질에 따라 다르고, 또 말할 것도 없이 편극 P는 유전체 중에만 존재한다.

   그러면 크기가 매질에 의존하지 않고 어디서든지 같은 값을 갖는 양은 생각할 수 없을까? 방향, 방위는 전기장이나 편극과 같고, 크기가

   $$D = \varepsilon_0 E + P \quad \text{〈수식 12-13〉}$$

로 주어지는 물리량은 확실히 그러한 성질을 갖고 있다. 이것은 전기변위(電氣麥位), 또는 전속밀도(電束密度)라고 불린다. 전기변위는 단위 쿨롱/$(m)^2$로 측정된다.

   〈수식 12-13〉에 〈수식 12-8〉과 〈수식 12-9〉를 대입하면

   $$D = \rho \quad \text{〈수식 12-14〉}$$

가 유도된다.

   따라서, 또한 〈수식 12-7〉로부터

   $$D = \varepsilon E \quad \text{〈수식 12-15〉}$$

가 되고, 전기변위는 전기장과 유전율과의 곱으로 주어지게 된다. 〈수식 12-15〉에 의하면 진공중의 전기변위는 $\varepsilon_0 E$이다.

   그래서 다시 한 번 〈수식 12-13〉을 보면, 전기변위 D는 진

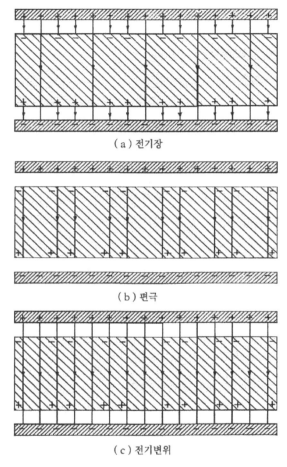

(a) 전기장

(b) 편극

(c) 전기변위

〈그림 121〉 전기장, 편극, 전기변위의 역선

공에 유래하는 부분, 즉 진공의 전기변위 $D_0=\varepsilon_0 E$와 물질에 유래하는 부분, 즉 편극 P로 구성된다. 따라서 유추를 자꾸 해보면 D_0는 진공의 편극이라 생각해도 될 것 같다.

그런데, 편극이라는 것은 전기적인 일그러짐이라 해도 될 것이다. 실제, 〈수식 12-15〉를 10장의 〈수식 10-3〉과 비교하면 전기변위 D는 일그러짐, 전기장 E는 응력, 유전율의 역수 $1/\varepsilon$ 은 탄성률에 상당한다. 같은 일그러짐 D를 주어도 탄성률 $1/\varepsilon$ 의 차이에 의하여 작용하는 응력 E가 달라지는 것이다.

자속밀도와 자기단극

자기장에 대해서는 자기장 H 외에 자속밀도, 또는 자기유도, 자기변위 등으로 불리는 양이 중요한 구실을 한다. 자속밀도 B 는 자기장 H와 다음과 같이 관계된다.

$$B = \mu H \quad\quad\quad \langle수식 12-16\rangle$$

여기서 μ는 투자율이라 불리고 자성체에 의한 상수이다. 진 공의 투자율에 대해서는 이미 설명하였다. 그리고 $\mu_r = \mu/\mu_0$는 비투자율(比透磁率)이라 불린다. 또 이 식으로부터 분명한 것 같 이 자속밀도는 단위 뉴턴/A·m=웨버/(m)²로 측정된다. 진공중 의 자속밀도가 μ_0H로 주어진다는 것은 말할 필요도 없다.

단 이 관계 〈수식 12-16〉은 비투자율이 1에 가까운 상자성 체(>1), 반자성체(<1)에 대해 성립되는 것으로, 비투자율이 대 단히 큰 강자성체에 대해서는 자기장과 자기유도는 더 복잡한 관계가 있다.

그런데 잘 알려진 것 같이 자극은 단독으로는 존재하지 않고 항상 N극, S극이 상반되어 나타난다. 이것은 전기의 경우의 편 극에 상당한다. 따라서 전기변위의 역선이 편극전하가 아니고 진짜 플러스 전하로부터 나와 진짜 마이너스 전하에 들어가는 데 대해 자속밀도의 역선은 진짜 자하가 존재하지 않으므로 닫힌 곡선을 그리게 된다.

그러나 자기단극(磁器單極, Magnetic Monopole)은 과연 존재하지 않을까? 전기와 자기의 이 불균형은 큰 문제이다. 만일 자기단극이 존재한다면 그것이 어떤 성질을 가져야 하는가는, 이를테면 그 자기량은 얼마인가는 이론적으로 추정할 수 있다. 또 만일 그런 것이 관측되지 않는다면 왜 그것이 존재하지 않는가를 이론적으로 설명할 필요가 있는 것이다.

공간에 축적되는 에너지

콘덴서에 축적되는 전기 에너지를 계산하자.

콘덴서를 충전하려면 한쪽 극판으로부터 전기를 취하여 이것을 다른 편 극판으로 옮기면 된다. 그때 이루어지는 일을 계산하면 이것이 콘덴서에 축적되는 전기 에너지와 같게 된다(『물리학의 재발견(상)』 7장 참조).

그런데 균일한 정전기장 E 속을 전기장의 방향과 반대로 전하 e를 이동시키는 데는 〈수식 12-3〉에 의하면 일정한 힘 eE를 작동시킬 필요가 있다. 따라서 이 전하를 거리 d만큼 움직이는 데는 eEd의 일을 해야 한다. 지금, 전하를 소량씩 옮겨가서 합계 Q에 달했다고 하면 처음에 0이었던 전기장도 옮겨진 전기량과 비례하여 점차 강해져 최후에는 $E=\rho/\varepsilon_0=Q/\varepsilon_0 S$가 된다(∵ 〈수식 12-6〉). 이 때 이루어지는 일은 전기장의 세기의 평균을 잡고 E/2의 세기를 가진 전기장 속을 전 전하 Q를 움직일 때의 일과 같을 것이다. 즉 구하는 일은 W=QEd/2=ED(Sd)/2가 된다(∵ 〈수식 12-6〉, 〈수식 12-14〉).

또 〈그림 122〉와 같이 이동시킨 전기량을 가로축에, 전기장

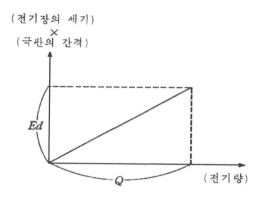

〈그림 122〉 콘덴서에 축적되는 전기 에너지

의 세기에 극판 간격을 곱한 것을 세로축으로 잡으면 전기장은 전기량과 비례하므로 그래프는 원점을 지나는 직선이 된다. 1장 〈그림 7〉이나 10장 〈그림 97〉에 의한 계산과 마찬가지로 구하는 일은 이 직선 아래에 둘러싸인 삼각형의 넓이와 같고, 역시 W=ED(Sd)/2가 되는 것을 알 수 있다.

이렇게 평행판 콘덴서에 축적된 전기 에너지는 극판 사이의 부피 Sd와 비례하고 있으므로 단위부피(1㎥) 당의 에너지 w=W/Sd를 채용하면

$$w = \frac{1}{2} ED \quad \text{〈수식 12-17〉}$$

로 주어지게 된다.

진공의 경우만이 아니고 유전체에 충만되어 있는 경우에도 〈수식 12-17〉이 성립된다는 것은 앞의 계산의 과정으로부터도 분명할 것이다.

전기 에너지를 나타내는 〈수식 12-17〉을 탄성 에너지를 표

78

시하는 〈수식 10-5〉과 비교하면 전기변위 D가 일그러지므로
전기장 E가 응력에 상당한다는 것은 더욱 분명하게 될 것이다.
또한 〈수식 12-17〉은 다음과 같이 고쳐 쓸 수 있다.

$$w = \frac{1}{2}\epsilon_0 E_2 = \frac{1}{2\epsilon_0}D_2$$ ······························ 〈수식 12-18〉

〈수식 12-18〉은 10장의 〈수식 10-6〉에 대응한다.

이렇게 콘덴서에 축적되는 에너지가 극판 사이의 부피와 비
례한다는 것, 단위부피당 에너지는 전기장, 전기변위, 유전율
등에 의해 주어진다는 것은 이 에너지가 극판에 아니고 극판
사이의 매질에 축적된다는 것을 시사하고 있다. 따라서 〈수식
12-17〉, 〈수식 12-18〉은 전기장 에너지를 나타낸다고 생각해
도 될 것이다.

마찬가지로 자기장의 에너지는 단위부피당

$$w = \frac{1}{2}HB$$ ·· 〈수식 12-19〉

또는

$$w = \frac{1}{2}\mu_0 H^2 = \frac{1}{2\mu_0}B^2$$ ························ 〈수식 12-20〉

로 주어진다.

이렇게 하여 전기장이나 자기장의 실재성은 이제는 의심할
수 없는 것이 되었다.

에테르의 흐름

이상의 고찰을 통하여 전기장이나 자기장은 그 매질의 역학

에 귀착시킬 수 있을 것 같이 생각된다. 만일, 이 매질의 역학적 성질이 밝혀진다면 말이다.

패러데이는 역선의 이론을 더 진행시켜 역선 다발을 역관(力管)이라 부르고, 각 역관은 고무줄과 같이 수축하려고 하는 장력이 작용하고, 따라서 역관끼리는 팽창하려고 하는 압력을 서로 미친다고 생각하였다. 즉 일그러짐을 가지고 응력을 작용시키고 있는 역관에 의해 충만한 공간장인 것이다.

이러한 장의 이미지를 수량적으로 다루려면 어떻게 하면 될까?

전기장이나 자기장의 세기는 역선 밀도에 비례한다. 따라서 역관 단면적과 반비례하게 된다. 이것은 10장에서 알아본 비압축성유체를 상기시킨다. 〈수식 10-2〉에 의하면 비압축성유체 속도의 크기는 유관 단면적과 반비례한다.

그래서 전기장이나 자기장은 비압축성 에테르의 흐름이어서 그 속도의 크기, 방향, 방위가 전기장이나 자기장의 세기, 방향, 방위를 준다고 생각할 수 있을 것이다. 전기장, 자기장은 비압축성 에테르의 속도장으로서 표시된다.

또한, 이 대응은 전기장, 자기장보다도 전기변위, 자속밀도 쪽이 적합하다. 왜냐하면 전기장 E나 자기장 H는 매질에 의하여 그 세기가 변하고, 따라서 역선의 수가 변하지만 전기변위 D나 자속밀도 B는 어떠한 매질 속에서도 같은 크기를 갖고, 따라서 매질에 의해 역선수가 변하는 일은 없기 때문이다.

그리고 자속밀도의 자극은 단독으로 존재하는 일이 없으므로 그 역선은 닫혀져 있고 순환하는 흐름에 해당한다. 전기변위의 경우는 플러스, 마이너스의 전하가 존재하는 곳에서는 에테르가 솟아나기도 하고 흡인되기도 한다.

에테르의 소용돌이

전기적인 힘은 전하를 한 방향으로 움직이게 한다. 자력적인 힘은 패러데이 효과와 같이 회전하도록 작용하는 것은 아닐까? 자력관 내의 자기유체가 관축 주위를 회전하여 소용돌이의 기풍을 만든다고 하자. 그렇게 되면 원심력에 의하여 회전축에 수직한 방향에는 서로 압력을 미치며 회전축 방향에는 장력이 작용할 것이다. 소용돌이 주변부의 속도가 자기장의 세기 H에, 유체 밀도가 투자율 μ에 상당한다고 하면 유체의 단위부피당의 운동 에너지 $\frac{1}{2}\mu H^2$는 자기장의 에너지를 나타내게 된다.

다만, 인접한 소용돌이 기둥이 같은 방향으로 회전하면, 접촉면에서의 유체는 서로 반대 방향으로 작용하게 되어 운동이 불연속이 되어버린다. 그렇다면 자력관과 자력선 사이에 베어링 역할을 하는 입자를 넣어보기로 하자. 이것은 마치 볼 베어링 (Ball Bearing)을 상기시킨다.

이러한 입자가 자력관 사이를 이동하면 그것과 인접한 자력관 내의 유체를 회전시키게 될 것이다. 이것을 외르스테드의 실험과 비교하면 입자운동은 전류에 해당한다는 것을 알 수 있다. 따라서 베어링 구실을 하는 입자는 전기입자라고 간주할 수 있을 것이다.

전기입자는 모든 소용돌이의 속도가 같을 때 같은 장소에 머물며 회전할 뿐인데 몇 개의 소용돌이 속도가 변하면 그 흐트러짐은 입자를 움직여 차례차례로 모든 소용돌이에 전파되어 간다. 소용돌이의 속도 변화, 즉 자기장의 시간적 변화가 전기입자를 움직이는 힘, 즉 전기장을 일으킨다. 이것은 다름 아닌 패러데이에 의해 발견된 전자기유도인 것이다.

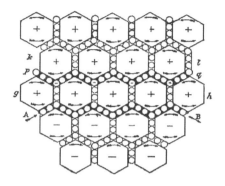

〈그림 123〉 장의 역학적 구조(맥스웰의 『물리적 역선에 대해서』에서)

유전체의 경우는 전기장이 걸려도 전기입자는 운동할 수 없고, 단지 조금 이동하여 자기유체에 어긋나는 일그러짐을 생기게 하고 그것에 의해 생기는 어긋남의 응력과 균형을 이루어 멎을 것이다. 이것이 전기변위 D이다.

입자가 균형상태가 될 때까지는 전기가 움직이고 있으므로 일종의 전류가 흐르게 된다. 이러한 전기변위의 시간적 변위를 변위전류라고 부른다. 그리고 변위전류를 도입해야만 비로소 전기량은 〈수식 10-1〉과 같은 연속 방정식을 만족시키고 전기량의 보존이 정식화된다.

맥스웰의 전자기장 방정식

이상과 같이 전기장, 자기장의 역학적 기구에 의한 고찰을 통해 1864년 맥스웰(James Clerk Maxwell, 1831~1879)은 이른바 맥스웰의 전자기장의 방정식에

〈그림 124〉 맥스웰

82

도달하였다. 맥스웰의 방정식은 네 개의 식으로 성립된다. 한 식은 자속밀도의 시간적 변화는 그것과 수직한 방향에 전기장을 생성한다는 것, 즉 패러데이의 전자기유도의 실험을 나타내고, 또 한 식은 전류와 전기변위의 시간적 변화는 그것에 수직한 방향에 자기장을 생성한다는 것, 즉 외르스테드의 실험과 변위전류를 나타내고, 다른 두 식은 전기장, 자기장에 대한 쿨롱의 법칙과 자기단극이 존재하지 않는다는 것을 나타낸다.

독자들의 시각적 인식을 높이기 위해 〈그림 125〉에 맥스웰의 방정식을 보인다.

$$\text{curl } E = -\frac{\partial B}{\partial t}, \qquad \text{div } B = 0$$

$$\text{curl } H = i + \frac{\partial D}{\partial t}, \quad \text{div } D = \rho$$

〈그림 125〉 맥스웰의 전자기장 방정식

맥스웰의 방정식은 전자기장을 기술하는 기초 방정식으로서 전하와 전류가 주어지면 이 방정식으로부터 전자기장을 결정할 수 있다.

역학에서 입자의 좌표를 시간의 함수로써 구한다면 장 이론에서는 장을 시간, 공간의 함수로서 구하는 것이다.

전자기파

앞에서 우리는 전기장이나 자기장을 가상적인 탄성체의 일그러짐이나 응력으로서 유추적으로 다루었다. 이것을 더 밀고 나가서 전기적, 자기적인 일그러짐, 즉 응력이 시간적으로 변화하면 그것들은 파동이 되어 전해 퍼질 것이다.

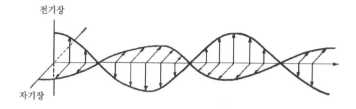

전기장

자기장

〈그림 126〉 전자기파

　실제로 맥스웰의 방정식을 풀면 장이 시간적으로 변화하지 않을 때는 쿨롱장, 즉 쿨롱의 법칙을 만족시키는 정전기장이 구해지고, 일반적으로 장이 시간적으로 변화할 때에는 전기장의 변화는 그것과 수직한 방향으로 자기장을 생성하고, 자기장의 변화는 그것과 수직한 방향으로 전기장을 생성하여 전기장과 자기장은 같은 위상으로 서로 수직 방향으로 진동하여 파동(횡파)이 되어 공간을 진행한다는 것이 유도된다. 이것을 전자기파라고 한다.

　그리고 맥스웰 방정식에 따르면 이러한 전자기파는 하전입자의 가속도 운동에 수반하여 사출된다.

　전자기파의 존재는 1888년, 헤르츠(Gustav Ludwig Hertz, 1857~1894)에 의해 실험적으로 증명되었다. 방전을 실시하면 떨어진 곳에 있는 회로에 전류가 흐른다는 것이 인정되었던 것이다.

　물론 전자기파는 전하나 전류로부터 사출되지만, 일단 사출되면 전기장의 변화는 자기장을 생기게 하고, 자기장의 변화는 전기장을 생기게 하며 전기장과 자기장이 서로 상대방의 원천이 돼서 공간을 진행하여 에너지를 나르는 것이다. 이리하여

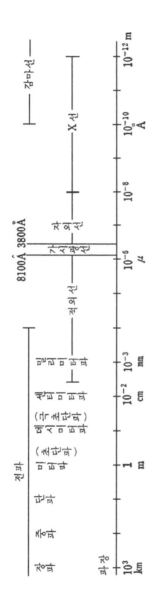

〈그림 127〉 전자기파의 파장

원천 물질에 대한 장의 독립성은 의심할 수 없게 되었다.

또한 전자기파의 전파속도는 $1/\sqrt{\epsilon_0 \mu_0}$로 주어진다는 것이 맥스웰의 방정식으로부터 유도되었다. 뿐만 아니라 이 값은 광속도와 같다. 1871년, 맥스웰은 빛도 전자기파의 일종이라고 주장하는 빛의 전자기파설을 제창하였다.

또 물질 중의 광속도는 마찬가지로 $1/\sqrt{\epsilon \mu}$로 주어지므로 굴절률은 $n = \sqrt{\epsilon \mu / \epsilon_0 \mu_0} = \sqrt{\epsilon_r \mu_r}$로 관계 지을 수 있게 된다.

또 빛의 횡파 진동면은 전기장이 진동하는 면에, 편광면은 자기장이 진동하는 면에 해당한다는 것도 증명이 되었다.

전자기파는 그 파장의 정도에 의해 상당히 다른 성질을 나타내므로 각 파장에 따라 발견의 유래가 다르기 때문에 그에 수반한 다양한 명칭으로 불려 왔다. 그것을 표로 정리하였다(그림 127).

물질의 입자성과 장의 파동성, 원격작용과 근접작용

이렇게 맥스웰의 전자기장 방정식은 뉴턴의 운동 방정식과 나란히 물리학에 있어서 가장 기본적인 방정식이다. 그러나 후자가 멀리 떨어진 곳에서 일어나는 현상을 직접 결부시키는 데 반하여, 전자는 어느 시각, 어느 위치에 있어서의 장과 시간적으로도 공간적으로도 극히 가까운 장과의 관계를 기술하고 있어서 이들 작은 사실을 모아서 비로소 멀리 떨어진 현상에 결부시킬 수 있는 것이다. 즉 맥스웰의 이론은 매달(媒達)작용, 근접작용이어서 뉴턴역학에 있어서의 직달작용, 원격작용과는 본질적으로 다른 것이다.

매달작용은 물질로 충만한 공간, 물질과 불가분한 공간을 예상하고 있다. 공간은 전자기파를 전달하는 매질—그것은 에테르라고 불리는데—로 충만하다고 가정해야 한다. 그리고 전자기파를 그 탄성파로서 설명할 수 있는 에테르에는 탄성체로서의 역학적 성질을 가정해야 한다.

그러나 11장에서도 알아본 것 같이 에테르에 요구되는 역학적 성질은 극히 기교적, 비현실적인 것이어야 한다.

그래서 우리는 에테르의 역학적인 설명을 단념하고 공간 그 자체가 전자기장의 매질이며, 전자기파를 전달하는 물리적 성질을 갖는다는 것을 사실로서 인정할 수밖에 없다.

19세기 말, 물리학의 여러 부문은 역학과 전자기학으로 마무리되었는데, 양자는 서로 상반되는 공간 개념을 배경으로 하고 있다는 것을 강조해 두고 싶다. 역학은 물질의 입자성과 공허한 공간을, 전자기학은 장의 파동성과 물질과 불가분의 공간을 각각 예상하고 있는 것이다.

13. 전기역학
—확장을 갖지 않는 입자의 자기 에너지는 무한대가 된다

로렌츠 힘

전자기장은 전하와 전류가 주어지면 맥스웰 방정식에 의해 결정된다. 그리고 전하나 전류의 운동은 전자기장이 이들에게 어떠한 힘을 작용하는가를 알면 뉴턴의 운동 방정식에 의해 결정될 것이다. 전자기장과 전하나 전류를 그들의 상호작용도 고려하여 다루는 것이 전기역학이다.

전자기장의 전하나 전류에 미치는 힘은 1885년, 로렌츠(Hendrik Antoon Lorentz, 1853~1928)에 의해 정식화되어 로렌츠 힘이라고 불린다. 이것은 두 부분으로 성립되는데 하나는 전기장의 전하에 미치는 힘, 다른 하나는 자기장의 전류 또는 운동하고 있는 전하에 미치는 힘이다.

전기장에 의한 힘

먼저 전기장이 전하에 미치는 힘부터 살펴보자.

이 힘은 전기장의 정의, 〈수식 12-3〉으로부터도 알 수 있는 것 같이 전하와 전기장을 곱한 것과 같다. 즉 그 크기는 전하 곱하기 전기장의 세기

$$f = eE \qquad \text{〈수식 13-1〉}$$

방향은 전기장의 방향, 방위는 전하의 플러스, 마이너스에 따라 전기장의 방위와 같거나 반대가 된다. 특히 평행판 콘덴서에서처럼 균일한 정전기장 속에서는 전하에 작용하는 힘은 항상 일정하며 〈수식 12-6〉, 대전체는 낙하운동과 마찬가지로 등가속도운동을 하게 된다.

만일, 전기장의 세기가 주기적으로 변화하면 전하에 작용하

는 힘의 크기도 주기적으로 변화하고 대전체는 강제로 진동운
동을 하게 될 것이다.

α선 산란 실험과 러더퍼드의 원자 모형

이러한 전기장이 전하에 미치는 힘은 원자나 원자핵에 있어
서 어떤 역할을 하고 있을까?

1911년, 러더퍼드(Ernest Rutherford, 1871~1937)는 α선 산
란 실험으로부터 원자핵의 존재를 증명하였다. 알파선(α 線)은
방사성 물질로부터 방출되고 플러스 전기를 띤 입자(헬륨원자핵)
의 흐름으로 빛의 10분의 1정도의 속도를 가지고 있다. 이것을
금속박(金屬箔)에 부딪치게 하면 금속 원자에 의하여 α입자의
진로가 휘어지고, 그 각도는 대부분이 작은 것이지만 드물게는
90° 이상이나 휘어지는 경우가 있다는 것을 알았다.

따라서 원자 속에는 극히 좁은 범위에 대단히 강한 전기장이
있다고 생각된다. 그리고 이러한 전기장이 존재하기 위해서는
쿨롱장은 거리의 제곱에 반비례하기 때문에 전하가 아주 좁은
범위에 모여 있어야 한다. 이리하여 양전기를 갖는 원자의 구
성요소는 원자의 반지름(10^{-8}=1억분의 1cm 정도)의 1만분의 1정
도의 크기(10^{-12}=1조분의 1cm)로서, 더욱이 원자 질량의 거의 대
부분을 차지한다고 추정된다.

음전기를 갖는 원자의 구성요소, 즉 α입자의 운동에 전자가
미치는 영향은 무시해도 된다. 왜냐하면, 나중에 설명하는 것
같이 전자 질량은 α입자의 질량과 비해 아주 작기 때문이다.
『물리학의 재발견(상)』 3장, 「사과와 지구는 서로 떨어지고 있
다」에서 설명한 사과와 지구와의 상호작용을 상기하기 바란다.

　이러한 원자핵 주위의 쿨롱의 정전기장 속에서는 몇 개의 전자가 주기운동하고 있다. 이것이 러더퍼드의 원자 모형이다. 이 원자 모형은 태양 주위의 중력장 속의 여러 행성의 주기운동을 상기시킨다. 쿨롱의 정전기장, 중력장 역시 거리의 제곱과 반비례한다.

　다만 맥스웰 방정식에 의하면 전기를 띤 물체가 가속도 운동할 때, 거기에서 전자기파가 사출된다는 것을 잊어서는 안 된다. 이 의론은 뒤에서 다시 설명하겠다.

하전입자의 가속

　쿨롱장에 의한 원자핵의 반발력에 거슬러 다른 원자핵을 접근시켜 핵반응을 일으키는 데는 원자핵을 상당한 고속으로 충돌시켜야 한다. 그 때문에, 1919년, 러더퍼드에 의해 처음에 발견된 핵반응은 역시 천연의 α입자(헬륨 원자핵)에 의한 것이었고, 그것이 질소 원자핵에 충돌하여 산소와 수소로 전환된 것이다.

　또, 인공적으로 원자핵을 가속시키는 데도 전기장의 작용을 사용할 수 있다. 앞에서 설명한 것 같이 1932년 만들어진 콕크로프트-월턴(Cockroft-Walton)의 장치는 양성자, 즉 수소원자핵을 균일한 강한 정전기장으로 가속하는 것이었다. 이 장치에 의하여 양성자가 리튬 7에 충돌하여 두 개의 헬륨으로 창생되는 핵반응이 발견된 것이다.

플레밍의 왼손 법칙

　전류 또는 운동하고 있는 전하에 미치는 자기장의 힘을 고찰

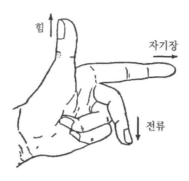

〈그림 128〉 플레밍의 왼손규칙

해 보자.

이 힘이 작용하는 방향은, 이른바 플레밍(John Ambrose Fleming, 1849~1945)의 왼손규칙에 의해 표시된다. 즉 왼손 엄지손가락, 집게손가락, 가운데손가락을 서로 직각을 이루도록 벌리고, 가운데손가락을 전류의 방향, 집게손가락을 자기장의 방향이라 하면 전류는 자기장에 의해 엄지손가락 방향으로 힘을 받는다.

또 그 힘의 크기는 전류의 세기와 자속밀도의 크기와의 곱, 또는 전하 e와 그 속도 v와 자속밀도 B와의 곱과 같다. 즉,

$$f = evB$$ ┈┈┈┈┈┈┈┈┈┈┈┈┈┈┈┈┈┈┈┈┈┈┈┈ 〈수식 13-2〉

로 주어진다.

전동기(모터)란 이러한 자기장의 전류에 미치는 힘을 이용한 것이다.

우주선의 동서 효과

플레밍의 법칙을 우주선 문제에 응용해 보자.

그 원천은 초신성, 그것에 의해 탄생한 중성자별, 그밖에 자기장을 수반하는 플라스마(Plasma, 음양의 이온으로 전리된 기체)가 존재하는 곳 등 아직 추측의 범위를 벗어나지 못하지만, 어쨌든 우주선이라고 부르는 높은 에너지를 가진 방사선이 지구에 쏟아지고 있다. 1분간에 수천이라는 우주선이 우리의 몸을 꿰뚫고 지나가고 있는 셈이다.

이 우주선의 본체는 무엇일까? 전기를 띠고 있을까? 그렇지 않으면 중성일까? 만일 전기를 띠고 있다면 플러스일까, 마이너스일까?

지구는 큰 자석으로, 북극에는 S극, 남극에는 N극이 있으므로 지구의 자기장은 남에서 북을 향하고 있다. 적도면에서 수직으로 지구로 쏟아지는 우주선을 생각해 보자. 만일 그것이 플러스 전기를 띠고 있다면 플레밍의 왼손 법칙에 의하여 지구자기장 때문에 동쪽으로 휠 것이며, 마이너스 전기를 띠고 있다면 서쪽으로 휠 것이다.

실제의 관측 결과는 서쪽으로부터 날아오는 우주선 쪽이 많다는 것을 나타내고 있고, 이것으로부터 지구로 날아오는 우주선—1차 우주선이라 부르는데—은 플러스 전기를 띠고 있다는 것을 알 수 있다. 이것이 우주선의 동서 효과(東西功果)라고 불리는 것이다.

상세한 연구에 의하면 대부분의 1차 우주선은 수소 원자핵, 양성자이며, 그밖에 가벼운 원자핵도 포함되고 있다는 것이 알려졌다.

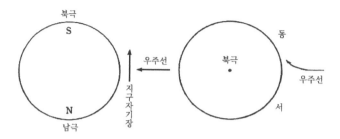

〈그림 129〉 우주선의 동서 효과

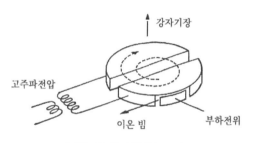

〈그림 130〉 사이클로트론

이 1차 우주선은 대기상층에 있는 물질과 충돌해서 모든 종류의 소립자를 창생한다. 이것은 2차 우주선이라 불리며 우리 머리에 쏟아지고 있는 것이다.

사이클로트론

대표적인 이온가속기 사이클로트론(Cyclotron)에 대해 알아보자. 이 장치는 〈그림 130〉과 같이 두 개의 반원형의 속이 빈 금속함을 강한 자극 사이에서 맞댄 것이다.

금속함 속을 운동하는 하전입자(荷電粒子)는 그 운동 방향과 수직으로 작용하는 자기장에 의해 플레밍의 왼손 법칙에 따라

회전운동을 하게 된다. 그리하여 이들 두 개의 금속함을 전극으로 하여 주기적으로 방향이 변하는 전기장을 만들고, 하전입자가 상자의 간극을 통과할 때마다 가속되도록 하전입자의 회전운동의 주기와 진동전기장의 주기를 일치시키면 하전입자를 대단히 고속으로 할 수 있다.

전자기파는 에너지 외에 전기량을 갖는다

로렌츠 힘을 생각함으로써 전자기파가 에너지뿐만이 아니라 운동량도 가지고 있음을 알 수 있다.

전자기파가 전하에 충돌하면, 전하는 전기장에 의해서 전기장의 방향으로 크기 eE의 힘을 받아 진동운동을 한다.

〈그림 131〉에 보인 순간에는 전하의 속도는 위를 향하고 있다. 전하가 운동하고 있으면, 자기장에 의해 속도와 자기장 두 방향과 수직한 방향으로, 그림에서는 오른쪽 방향으로 크기 evB의 힘을 받게 된다. 이 힘은 주기적으로 증감하는데, 항상 전자기파의 진행 방향을 향하고 있고 전하는 전자기파의 방향으로 밀리게 된다. 즉 전자기파는 운동량을 갖는다고 생각해야 한다.

앞 장의 설명에서 분명한 것 같이 다만 전자기파 에너지 1는 진동하므로 평균을 잡아 단위부피당 $W = \frac{1}{2}(\overline{ED} + \overline{HB}) = \frac{1}{2}$ $(\epsilon_0 \overline{E^2} + \mu_0 \overline{H^2})$로 주어지는데, 운동량의 크기는 단위부피당 p= $\overline{DB}$로 주어지고 이것이 에너지 1/c과 같은 P=w/c도 표시된다.

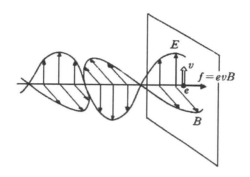

〈그림 131〉 전자기파의 운동량

전기량의 보존

지금까지 언급하지 않았으나, 전기나 자기란 대체 무엇일까? 물론, 자기 쪽은 전기의 본체를 알면 그 회전 방향―궤도 회전운동과 자전―에 의해 설명될 수 있을 것이다.

전기에는 대칭적인 성질을 갖는 두 가지 종류가 있고, 이것들을 플러스와 마이너스로 나누면 전기량은 질량이나 에너지와 마찬가지로 전체로서는 보존된다고 간주해도 될 것이다. 따라서 전 우주의 전기량의 총합은 0이라고 생각하는 것이 자연스러울 것이다. 앞에서 설명한 것 같이, 전기량의 보존은 연속 방정식으로 표시되고, 이것은 맥스웰 방정식으로부터 유도된다.

또한 전기는 전자기장에 의해서만이 관측되는 것이어서, 그 양은 대전체와 전자기장의 상호작용의 세기를 표시한다.

전기도 일종의 물질로서 그 양의 다소를 나타내는 것이 전기량일까? 또는 전기는 물체의 어떤 상태여서 그 상태의 차이를 나타내는 것이 전기량일까? 물체에 전기 물질이 부가되면 그 물체는 전자기장과 상호작용하게 될까? 또는 물체가 무슨 형태를 취했을 때에 전자기장과 상호작용하게 될까?

18세기에는 전기는 어떤 종류의 유체로 간주되고 있었다. 그리고 전기유체에는 두 종류가 있다고 하는 2유체설과 전기유체는 한 종류여서 이것을 과잉하게 포함하는가 과소하게 포함하는가에 의해 물체는 플러스, 또는 마이너스로 대전한다고 하는 1유체설이 대립하고 있었다. 즉 전기는 소재(素材), 질료(質料)로서 파악되고 하나의 실체라고 생각되고 있었던 것이다. 또 전기를 유체로 간주하는 것은 전기가 얼마든지 작게 분할할 수 있는 연속적인 양이라고 생각한다는 것을 의미한다.

전기의 소량성

그러나 전기는 얼마든지 작게 분할할 수 있는 연속량이 아니다. 어떤 덩어리 이하로는 분할할 수 없는 불연속적인 양일지도 모른다. 왜냐하면 최소의 덩어리가 대단히 작은 양이라면 그 불연속성은 여간해서는 감지되지 않기 때문이다.

만일 전기가 불연속적인 양이라면 그 최소단위, 즉 전기소량(電氣素量)은 작은 물체, 이를테면 원자가 띠는 전기에서 구할 수 있지 않을까 예상된다.

이러한 전기의 소량성이 처음으로 시사된 것은 1833년, 전기분해에 관한 패러데이(Michael Faraday, 1791~1867)의 법칙에 의해서였다. 즉 전해질 용액(전기전도성을 갖는 용액, 예를 들면 식염수, 황산)의 전기분해에 있어서

⑴ 석출되는 원소, 또는 원자단의 질량은 통한 전기량에 비례한다.

⑵ 1g당량의 원소, 또는 원자단이 석출되는데 필요한 전기량은 그 원소 또는 원자단의 종류에 관계없이 일정하고 96,487쿨롱과 같다.

또, 화학당량은 원자량을 원자가로 나눈 값이다.

지금 원자가가 1가인 원소[예를 들면, 수소, 소듐(나트륨)]에 대해서 생각하면 화학당량은 원자량과 같고, 따라서 1g당량 중에는 몰 분자 몇 개를 가진 원자가 포함되어 있다(『물리학의 재발견(상)』 9장 「원자, 분자의 크기, 질량」 참조). 그래서 한 개의 원자에는 그 종류에 관계없이 일정한 전기량이 수반된다고 하면 이것이 전기소량이라 생각되고 [몰 분자수]×[전기소량]=96,487 쿨롱의 관계가 성립되고 전기분해의 법칙이 설명된다.

전자의 발견

이번에는 진공방전에 대해 생각해 보자. 진공방전이란 희박한 기체 내의 방전으로서 기압이 대단히 낮아지면 일종의 방사선이 음극으로부터 양극 방향으로 향해 흐른다. 이것이 음극선이다.

음극선에 대해서도 그것이 입자의 흐름인가, 그렇지 않으면 파동의 일종인가가 역시 제일 기본적인 문제였다.

1897년, 톰슨(Joseph John Thomson, 1856~1940)은 음극선은 입자의 흐름이라는 예상 아래 정전기장이나 자기장에 의해 음극선이 마이너스 전기의 흐름처럼 휜다는 것을 보여주고, 그 휘는 각도로부터 음극선을 구성하고 있는 입자의 비전하 e/m (전하 e를 질량 m으로 나눈 값)나 속도를 구할 수 있었다. 그리고 이 비전하는 방전관 내의 기체나 전극으로 사용한 물질 종류에 불구하고 일정하다는 것을 알게 되었다.

이 실험 사실은 음극선입자가 모든 원자에 공통한 구성 요소임을 시사하고 있다. 그리고 이 음전기를 띤 입자에 전자라는

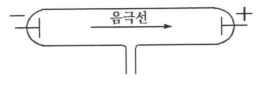

〈그림 132〉 진공방전과 음극선

이름이 주어졌다.

음극선 연구는 1895년 뢴트겐(Wilhelm Konrad Rbentgen, 1845~1923)에 의한 X선의 발견을 가져다주었다. 방전관 내의 전기장에 의해 가속된 전자가 유리벽에 부딪쳐 거기서 X선이 발생하였던 것이다. 16장에서 설명하는 것 같이, X선은 결정에 의한 회절, 간섭 실험에 의해 파장이 짧은(1억분의 1㎝ 정도의) 전자기파인 것이 밝혀졌다. 또한 12장의 표도 참조하기 바란다.

자연현상을 이상화된 조건 아래서 탐구하려고 하여 구해진 진공은 지금까지와는 전혀 다른 새로운 세계로 우리를 인도하였다. 참으로 현대물리학은 진공방전관 속에서 탄생하였다고 해도 과언은 아니다.

그리고 그 탄생한 해는 X선 발견의 해인 1895년이라고 해도 되지 않을까. 이듬해 1896년, 베크렐(Antoine Henri Becquerel, 1852~1908)에 의한 방사능의 발견도 X선의 발견에 시사를 받은 것이었다.

전기소량

전기소량값은 1911년부터 수년간에 걸친 밀리컨(Robert Andrews Millikan, 1868~1953)의 유적(油滴) 실험에 의해 구해

졌다. 작은 기름입자가 공기 중을 낙하하는 속도와 이것에 균
일한 정전기장을 가했을 때에 상승하는 속도로부터 유적에 작
용하는 전기력이 구해지고 유적이 띠고 있는 전기량을 알 수
있다. 대전량은 유적에 따라 다를 것이므로 그 최대 공약수를
취하여 전기소량을 구할 수 있다.

　그 값은 약 1.6쿨롱의 1억분의 1의 1억분의 1의 1,000분의
1, 즉,

　　　$e = 1.6 \times 10^{-19}$쿨롱　·················　〈수식 13-3〉

이다.

　이렇게 하여 전기소량을 알게 되면 전기분해에 관한 패러데이
의 법칙에 의해 96,487쿨롱을 전기소량으로 나누면, 몰 분자수

　　　$N_A = 0.6022 \times 10^{24}$　·················　〈수식 13-4〉

가 얻어지는 것이다(『물리학의 재발견(상)』 9장 「원자, 문자의 크기,
질량」 참조).

　또 전기소량을 톰슨이 측정한 전자의 비전하로 나누면 전자
질량이 구해지고, 그 값은

　　　$m_e = 0.9105 \times 10^{-27}$g $= 0.9105 \times 10^{-30}$kg　············　〈수식 13-5〉

가 된다. 이것은 원자 가운데서도 제일 가벼운 수소원자의 약
1/1,840에 불과하다.

　이렇게 하여 전기는 불연속적인 양인 것이 밝혀졌다. 전기소
량은 반드시 일정한 입자(마이너스는 전자, 플러스는 양성자)가 된
것이 아니고, 많은 소립자가 소량의 전기를 띠고 있다. 따라서
전기는 전기 물질과 같은 재료, 질료로서 파악하기보다는 전자

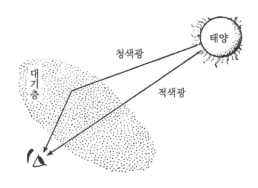

〈그림 133〉 빛의 산란

기장과의 상호작용의 세기를 결정하는 양식, 형상으로 파악하는 편이 좋다고 생각되기도 한다. 이 문제는 17장에서 다시 설명하겠다.

전자기파의 산란

드디어 하전체와 전자기장과의 상호작용에 대해 고찰해 보기로 하자. 가장 대표적인 문제는 전자에 의한 전자기파의 산란이다.

전자기파가 전자에 충돌하면 전자는 진동 전기장에 의해 그것과 같은 진동수로 진동을 시작하고, 또한 진동운동을 하고 있는 전자는 가속도를 가지기 때문에 맥스웰 방정식에 따라 같은 진동수의 전자기파를 사출한다. 결국, 입사한 전자기파와 같은 진동수의 전자기파가 전자로부터 여러 가지 방향으로 사출되게 된다. 이것이 전자에 의한 전자기파의 산란이다.

전자기파가 원자에 속박된 전자에 의해 산란될 때, 가시광선이나 그것보다도 파장이 긴 전자기파에 대해서는 그 산란되는 비율은 파장의 4제곱에 반비례하여 감소한다는 것을 이론적으로 나타낼 수 있다. 즉 청색광은 산란되기 쉽고, 적색광은 산란되기 어렵다.

예를 들면, 하늘이 파랗게 보이는 것은 태양으로부터의 빛 가운데서 청색광은 산란되어 곧바로 태양으로부터가 아니고 다른 방향으로부터 눈에 오기 때문이며, 아침 해나 석양이 붉게 보이는 것은 태양으로부터의 빛이 낮 동안보다 공기층을 긴 거리로 통과해 오므로 산란되기 어려운 붉은 빛만이 눈으로 들어오기 때문이다.

제동복사

상호작용에 관한 또 하나 대표적인 문제는 제동복사이다.

전자가 원자 근처를 지나면 그 전기장에 의해 진로가 휘어져 산란한다. 그때 전기장 방향으로 가속도를 받기 때문에 맥스웰 방정식에 따라 전자기파를 사출한다. 이것이 제동복사(制動輻射)이다.

러더퍼드의 원자 모형에서도 전자는 언제나 가속도를 가지고 있으므로 맥스웰 방정식에 의하면 끊임없이 전자기파를 사출하게 된다. 따라서 전자는 점차 에너지를 잃고 원자핵으로 떨어져 들어가 원자의 안정성을 설명할 수 없게 된다.

그리고 전자가 어떤 반지름으로, 따라서 어떤 주기로 회전운동을 하고 있는가에 따라 사출되는 빛의 진동수, 파장도 달라지므로 원자는 연속적으로 여러 가지 파장의 빛을 내고 그 원소에 특유한 파장을 가진 휘선 스펙트럼을 나타내지는 못할 것이다.

잘 알려 진 바와 같이 태양빛이나 고온의 고체로부터 사출되는 빛은 적색광에서 보라색광까지, 또 적외선이나 자외선 등 연속적으로 여러 가지 파장을 가진 빛으로 구성되어 있어 연속 스펙트럼을 나타내지만, 원자가 사출하는 빛은 그 원소에 특유한 띄엄띄엄한 파장의 빛으로 구성되어 휘선 스펙트럼을 나타내는 것이다. 예를 들면, 소듐(나트륨)은 강한 황색광을 내는 것이 특징으로 도로 조명에 사용되고 있다. 또 수소 스펙트럼은 16장의 〈그림 170〉에 보였다.

복사의 반작용

이렇게 하전입자는 그것이 가속도를 가질 때, 전자기파를 사출하므로 그에 따라 하전체 자신은 에너지를 잃게 된다. 사출되는 전자기파 에너지는 시간당 하전체의 가속도의 제곱에 비례하고 있는 것이다. 따라서 하전입자에는 거기에 가속도를 주는 로렌츠 힘 외에 복사의 반작용의 힘이 작용한다고 하지 않으면 그 운동을 설명할 수 없게 된다.

그래서 하전입자는 자기 자신이 창생해낸 전자기장에 의하여 어떠한 반작용을 받는가를 알기 위하여 하전입자의 전하의 각 부분에 의한 전자기장이 각각 전하의 다른 부분에 작용하는 힘을 계산해 보자. 그렇게 하면 예기한 대로 가속도의 시간적 변화에 비례하는 복사의 반작용이 유도된다.

그 외에도 가속도에 비례하는 항이 나온다. 이미 하전입자의 운동 방정식에는 하전입자의 역학적 질량에 그 가속도를 곱한 항이 있으므로 이 두 항을 가속도를 공통인자로 묶으면 마치 하전입자의 관성 크기가 증가한 꼴이 될 것이다. 그래서 이 부가적인 관성의 크기를 나타내는 양을 전자기적 질량이라고 부르면 하전입자의 운동 방정식은

〔(역학적 질량)+(전자기적 질량)〕×(가속도)

  = (로렌츠의 힘)+(장의 반작용) ·········· 〈수식 13-6〉

가 된다. 이것이 하전입자의 운동을 결정하는 올바른 식이다.

이 전자기적 질량은 하전입자 자신이 창생하고 있는 장 에너지 W를 광속도 c의 제곱으로 나눈 W/c^2에 비례하고 있는 것이다.

전자의 자기 에너지

여기서 전자의 자기(自己) 에너지를 계산해 보자.

지금 전자를 반지름 a의 구라고 하고, 전하는 구면상에 균일하게 분포되어 있다고 가정하자. 전자는 항상 그 주위에 전기장을 수반하고 있고, 그 세기는 앞 장의 〈수식 12-4〉과 같이

$$E = \frac{1}{4\pi\epsilon_0}\frac{e}{r^2}$$ ················ 〈수식 13-7〉

로 주어지고, 그 방향은 전자의 전하가 마이너스이므로 어디서든지 전자의 중심을 향하고 있다.

먼저 반지름 r_1, $r_2(r_1 < r_2)$를 가진 두 구면에 싸인 공간—그것은 구각(球殼)이라 불리는데—에 포함되는 전기장 에너지를 계산해 보자. r_2와 r_1의 차 $\varDelta r = r_2 - r_1$을 극히 작게 채택하면, 얇은 구각 내의 전기장의 세기는 어디든지 거의 같으므로 $E = e/4\pi\epsilon_0$ $[(r_1+r_2)/2]^2$과 같다고 두어도 될 것이다. 또 구각 부피는 V=4

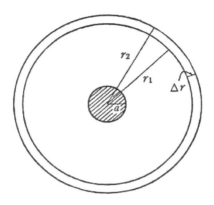

〈그림 134〉 전자의 자기 에너지

$\pi[(r_1+r_2)/2]^2 \Delta r$라고 두어도 될 것이다.

그런데 앞 장의 〈수식 12-18〉에 의하면 단위부피당의 전기장 에너지는 $w=\frac{1}{2}\varepsilon_0 E^2$ 으로 주어진다. 따라서, 구각에 포함되는 전기장의 에너지는 $W_{12}=\frac{1}{2}\varepsilon_0 E^2 V=\frac{1}{2}\varepsilon_0\{e^2/16\pi^2\varepsilon_0^2[(r_1+r_2)/2]^4\}\cdot 4\pi[(r_1+r_2)/2]^2\Delta r=e^2\Delta r/2\pi\varepsilon_0(r_1+r_2)^2$가 된다. 그리고 $(r_1+r_2)^2=(r_1+r_1+\Delta r)^2=(2r_1+\Delta r)^2=4r_1^2+4r_1\Delta r+(\Delta r)^2=4r_1(r_1+\Delta r)+(\Delta r)^2\fallingdotseq 4r_1r_2$, 따라서 $W_{12}=e^2(r_2-r_1)/8\pi\varepsilon_0 r_1 r_2=(e^2/8\pi\varepsilon_0)(1/r_1-1/r_2)$로 나타낼 수 있다.

그래서 전자의 주변 공간을 반지름 r_1, r_2, $\cdots$, r_n, $\cdots$ 의 구면으로 작게 나누면, 각 구각에 포함되는 전기장의 에너지는 $W_{10}=(e^2/8\pi\varepsilon_0)(1/a-1/r_1)$, $W_{12}=(e^2/8\pi\varepsilon_0)(1/r_1-1/r_2)$, $\cdots$, $W_{n-1n}=(e^2/8\pi\varepsilon_0)(1/r_{n-1}-1/r_n)$, $\cdots$ 가 되어, 반지름 r_n의 구 내부 공간에 포함되는 전기장의 에너지는 제n번째의 구각까지를 더

하여 $W_{0n} = (e^2/8\pi\epsilon_0)(1/a - 1/r_n)$이 된다.

따라서, 전자주위의 전 공간에 포함되는 전기장의 에너지는 $r_n \rightarrow \infty$라고 하면

$$w = \frac{e^2}{8\pi\epsilon_0 a}$$ .... 〈수식 13-8〉

로 주어지게 된다. 이것이 전자의 자기 에너지이다.

〈수식 13-8〉이 나타내는 것 같이 전자의 자기(自己) 에너지는 그 반지름에 반비례하므로, 만일 전자의 반지름이 0이면 자기 에너지는 무한대로 발산된다. 그때는 전자의 전자기적 질량도 무한대가 되어 버려 경험과는 전적으로 상반되는 결과가 유도된다.

그래서 전자질량을 모두 전자기적인 것이라고 가정하고, 자기(自己)장 에너지를 광속도의 제곱으로 나눈 것 W/c^2를 질량의 측정값과 같다고 놓으면 전자의 반지름은 구할 수 있다. 즉 $e^2/8\pi\epsilon_0 ac^2 = m$으로부터

$$a = \frac{e^2}{8\pi\epsilon_0 mc^2} = 1.42 \times 10^{-13} cm = 1.42 \times 10^{-15} m$$ ... 〈수식 13-9〉

가 유도된다. 이것은 고전 전자 반지름(古典電子半怪)이라 불린다.

우리는 이렇게 하여 전자는 점이 아니고 크기를 가져야 한다는 결론에 도달하였다.

이러한 발산의 곤란은 소립자를 상대론적인 장의 양자론에 의해 다루는 경우에 나타나고, 뿐만 아니라 이런 경우에는 단지 크기를 갖게 하는 것만으로는 인과율이 흩어져 버린다.

이것이야말로 소립자 이론의 가장 근본적인 문제이며 17,

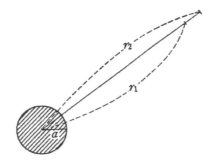

〈그림 135〉 쿨롱-퍼텐셜

18장의 주제를 이루는 것이다.

쿨롱 퍼텐셜

마찬가지 계산을 사용할 수 있으므로, 여기서 쿨롱 힘의 퍼텐셜(Potential) 에너지를 구해 보자. 계산은 인력인 경우에 대해 실시한다.

지금 전하 e_1에 의한 전기장 속에서 전하 e_2를 반지름 r_2인 점으로부터 극히 가까운 r_1인 점으로 $(r_2 > r_1)$ 움직였다고 하자. 그러려면 쿨롱의 힘에 대항하여 일을 해야 한다. 『물리학의 재발견(상)』 7장에 의하면 일은 힘과 이동거리와의 곱으로 주어진다. 즉 $W=fs$이다. 따라서 이 경우에 쿨롱의 인력에 대항하여 그것에 거의 균형되는 힘에 의해 이뤄지는 일은 $W_{21}=\{-e_1e_2/4\pi\varepsilon_0[(r_1+r_2)/2)]^2\}(r_2-r_1)=(-e_1e_2/4\pi\varepsilon_0)(1/r_1-1/r_2)$가 된다.

임의의 점에 있어서 퍼텐셜 에너지는 기준점으로부터 그 점까지 물체를 이동시키는데 필요한 일로 측정되므로 무한원(無限遠)을 기준으로 채택하면 $r_2 \rightarrow \infty$로서, 구하는 퍼텐셜 에너지(쿨롱 퍼텐셜)는 다음과 같이 주어진다.

$$V = - \frac{e_1 e_2}{4 \pi \epsilon_0} \frac{1}{r} \qquad \cdots\cdots\cdots\cdots \qquad \langle수식\ 13\text{-}10\rangle$$

쿨롱의 반발력에 대해서는 그 퍼텐셜 에너지(쿨롱 퍼텐셜)이

$$V = \frac{e_1 e_2}{4 \pi \epsilon_0} \frac{1}{r} \qquad \cdots\cdots\cdots\cdots \qquad \langle수식\ 13\text{-}11\rangle$$

로 주어진다는 것은 말할 것도 없다.

또 만유인력의 퍼텐셜 에너지(뉴턴 퍼텐셜)는 마찬가지로,

$$V = G \frac{m_1 m_2}{r} \qquad \cdots\cdots\cdots\cdots \qquad \langle수식\ 13\text{-}12\rangle$$

로 얻어진다.

〈수식 13-10〉은 16장에서 원자의 에너지의 계산에, 〈수식 13-12〉는 15장에서 우주 에너지의 계산에 각각 적용될 것이다.

이 장에서 고찰한 전기역학은 다시 상대론적 전기역학(14장), 양자전기역학(17장)으로 전개된다.

14. 특수상대성 이론

—시간은 광속도의 불변성을 통해 공간화된다

전자기학에 있어서의 상대성

전자기학 역시 역학과 마찬가지로 좌표계의 운동, 즉 관측자의 운동에 대해 반성되어야 한다.

앞서 『물리학의 재발견(상)』 6장에서 고찰한 것 같이, 역학에서는 갈릴레이(Galileo Galilei, 1564~1642)의 상대성이 성립되었다. 즉 한 좌표계에서 뉴턴의 운동원리가 성립된다면, 그것에 대해 등속도로 운동하고 있는 모든 좌표계에서 같은 원리가 성립된다. 특별히 힘의 작용을 받지 않을 때, 한 좌표계에서 물체가 등속도 운동을 한다면 그 좌표계에 대하여 등속도로 운동하고 있는 모든 좌표계에서 등속도 운동을 하는 것이다. 뉴턴의 운동원리가 성립되는 이러한 좌표계는 관성계(慣性系) 또는 타성계(惰性系)라고 불렀다.

이들 관성계는 그중 어느 하나가 절대정지하고 있고, 다른 모두가 이것에 대해 절대운동을 하고 있는 것 같이, 하나가 다른 것과 구별되는 우월성을 갖지는 않고 서로 상대적으로 운동하고 있는 것이어서, 모든 관성계가 역학현상을 기술하는 데 있어서 대등한 자격을 가지고 있었던 것이다.

역학현상에 대해서 성립되는 이러한 상대성은 전자기현상에 대해서도 성립될까? 이를테면 전자기유도에 있어서 코일에 자석을 접근시켰을 때 생기는 전류와 자석에 코일을 접근시켰을 때 생기는 전류를 비교하면 이것들은 세기도, 방향도 같다는 것을 알 수 있다. 전자유도에 의하여 전류를 일으키는 힘은 코일과 자석과의 상대속도에만 의존하고, 어느 쪽이 움직이고 어느 쪽이 정지하고 있는지에는 의존하지 않는 것이다. 즉 전자기유도에 대한 법칙은 코일이 정지하고 있는 좌표계에서도 자석이 정지하고 있는 좌표계에서도 마찬가지로 성립된다.

　역학의 원리나 법칙에 대하여 그 상대성을 논의할 때에는 물체의 위치나 속도, 가속도만을 문제 삼으면 되지만, 전자기학에 있어서는 그것에 참여하는 물체의 운동 상태뿐만 아니라 에테르의 운동 상태에 대해서도 고려해야 할 것이다. 일반적으로 빛을 포함하여 전자기파는 에테르를 전파하는 파동이므로 그 속도는 에테르에 대한 속도라고 생각되기 때문이다.

마이클슨-몰리의 실험

　물체가 에테르에 대해 운동함에도 불구하고 에테르가 물체와 함께 운반되는 일은 없고, 물체 속을 그대로 지나가 버린다고 가정해 보자.

　이렇게 가정하면, 에테르에 대해서 정지하고 있는 좌표계에서는 광속도는 모든 방향에서 같은 값을 갖지만, 에테르에 대해 운동하고 있는 좌표계에서는 광속도는 방향에 따라 다른 값이 될 것이다. 공기에 대하여 정지하고 있는 사람과 운동하고 있는 사람의 음속을 측정하면 똑같다(10장 참조). 따라서 에테르에 대해 정지하고 있는 좌표계는 다른 좌표계에 비해 우월한 지위를 차지하며 광속도의 측정에 의하여 그 존재를 나타낼 수 있을 것이다. 이리하여 에테르가 정지하고 있는 공간은 절대공간이 되고 그것에 대한 운동은 절대운동이 되어 갈릴레이의 상대성은 깨질 것이다.

　1881년과 1887년에 마이클슨(Albert Abraham Michelson 1852~1931)과 몰리(Edward Williams Morley 1838~1923)는 지구의 운동 방향과 그것에 수직한 방향에 있어서의 광속도를 측

정하여 지구의 절대운동을 증명하려고 하였다. 가정에 따르면, 광속도는 지구의 운동 방향에서는 맥스웰의 이론으로부터 유도되는 값보다도 지구의 절대운동의 속도만큼 증대 또는 감소하며, 지구의 운동에 수직한 방향에서는 이론으로부터 유도되는 값과 같아질 것이다. 그러나 실험에 의하면 광속도는 어느 방향으로도 똑같은 값을 가지고 있었던 것이다.

그러면 지구는 에테르에 대하여 절대정지하고 있고, 다른 천체는 에테르에 대하여 절대운동하고 있을까? 이러한 가정은 지구 중심설로 후퇴하고 말 것이다.

광행차

에테르가 물체와 함께 운동하고, 물체 부근에 있는 에테르도 물체에 끌리는데 그 속도는 물체로부터 떨어질수록 작아진다고 가정해 보자.

이렇게 가정하면, 지구는 대기권을 포함해서인데, 에테르를 함께 나르므로 에테르는 지구에 대하여 정지하고 있고, 따라서 지구상에서의 광속도는 모든 방향에서 같아질 것이다. 그리고 지구상에서의 광속도는 지구에 대하여 운동하고 있는 천체에서 보면 그 상대속도만 증감될 것이다. 즉 광속도에 대해서도 갈릴레이 변환이 들어맞고, 갈릴레이의 상대성이 성립되게 되는 것이다.

그러나 이러한 가정은 광행차(光行差)의 현상과는 모순된다. 광행차란 지구의 공전에 의해 항성의 위치가 외관상 변화하는 현상인데, 1728년 브래들리(James Bradley 1693~1762)에 의하여 발견되었다. 똑바로 위에서 내리는 비도 달리는 사람에게는

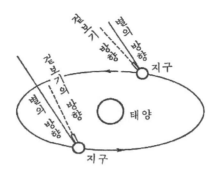

〈그림 136〉 광행차

비스듬히 앞으로부터 내리는 것 같이 항성부터의 빛도 운동하는 지구에게는 앞으로 기울어진 방향으로부터 입사되는 것이다.

공기가 달리는 사람과 함께 운동하면 비는 밀려 흘러서 역시 바로 위로부터 내릴 것이며, 마찬가지로 대기 중의 에테르가 지구와 함께 운동한다면 빛도 밀려 흘러서 광행차현상은 일어나지 않게 될 것이다.

이중성

이번에는 빛이 에테르에 대해서가 아니라 광원에 대하여 일정속도로 전해 퍼진다고 가정해 보자.

이렇게 가정하면 갈릴레이의 상대성이 성립된다는 것이 분명하고, 마이클슨-몰리의 실험이나 광행차도 설명될지 모르나 이중성(二重星)의 관측과는 모순이 생긴다.

이중성이란 두 개의 별이 함께 그것들의 중심(重心) 주위를 회전하는 것이다. 가정에 의하면 지구로 향해 접근하고 있는 쪽 별이 사출한 빛과 멀어져 가는 쪽 별이 사출한 빛과는 그것

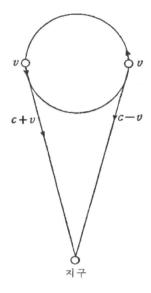

〈그림 137〉 이중성

들의 지구에 대한 속도는 상이하고 지구에 도달하기까지의 시
간도 상이하므로, 지구에서는 두 별의 각각 다른 시각에 있어
서의 모습을 동시에 보게 될 것이다.

만일 그렇다면 이중성에서 기묘한 현상이 나타나 뉴턴의 운
동원리나 만유인력의 가설이 성립하는 것 같이는 보이지 않을
것이다.

그런데다 이 가정에서는 광속도는 광원의 속도에 의존하고
매질의 속도에는 의존하지 않는데, 이것은 빛을 파동으로서가
아니고 입자로서 다루는 것이 되어버린다. 마치 탄환의 속도가
대표에 대한 속도인 것과 마찬가지이다.

로렌츠-피츠제럴드의 수축

그리하여 1892년, 피츠제럴드(George Francis Fitzgerald 1851
~1901)나 로렌츠는 최초의 정지 에테르의 가정에 되돌아가고,
또 에테르에 대하여 운동하는 물체는 모두 그 방향으로 수축한
다고 가정하면 마이클슨-몰리의 실험이 설명된다는 것을 입증
하였다.

로렌츠-피츠제럴드의 수축은 절대정지 하고 있는 에테르 가
정에 바탕을 두고 마이클슨-몰리의 실험을 설명하려는 것인데
역학에 있어서와 마찬가지로 절대운동을 부정하고 운동의 상대
성이라는 입장에서 이 실험을 설명할 수는 없을까?

또 11장에서 설명한 바와 같은 에테르의 탄성체로서 가 져
야 하는 극히 특이한 성질은 어떻게 해석되는 것일까?

특수상대성 이론의 가설

여기서 1905년, 아인슈타인(Albert Einstein
1879~1955)의 특수상대성 이론이 나타난 것
이다.

특수상대성 이론은 다음 두 가설에 바탕
을 둔 이론이다.

〈그림 138〉 아인슈타인

(1) 물리학의 원리, 법칙은 서로 등속도로 운동하고 있는 모든 좌표계에
   관해서 마찬가지로 성립한다.

(2) 진공 중의 광속도는 서로 등속도로 운동하고 있는 모든 좌표계에 관
   해서 동일하다.

이들 가설은 각각 상대성의 가설, 광속도 불변성의 가설이라
불러도 될 것이다.

동시성의 상대성

특수상대성 이론은 동시성에의 반성으로부터 시작한다.

지금 선로를 따라 지상에 두 점 A, B를 잡고 그 중점을 C라 하고, 달려오는 열차의 선두를 A′, 후미를 B′, 중앙을 C′라고 한다. 그리고 A′가 A에 일치하였을 때와 B′가 B에 일치하였을 때에 각 점으로부터 광신호를 낸다고 하자.

만일, 지상에 서 있는 관측자가 C점에서 A(A′)점, B(B′)점으로부터의 빛을 동시에 받았다면 AC, BC의 거리는 서로 같고, 광속도는 지상에 고정된 좌표계에 관하여 어느 방향에도 같기 때문에 이 관측자에게는 두 점에 있어서의 발신은 동시각에 일어나는 현상이다.

그러나 C′점에서 기차에 앉아 있는 관측자는 신호가 나가고 그것을 받을 때까지의 사이에 A점 쪽으로 이동하고, A(A′)점으로부터의 신호를 B(B′)점으로부터의 신호보다 빨리 받을 것이다. A′C′, B′C′의 거리는 서로 같고 광속도는 기차에 고정된 좌표계에 관해서도 어느 방향으로도 같기 때문에 이 관측자에게는 두 점에 있어서의 발신은 동시각에 일어난 현상이 아니고 A(A′)점에서의 발신 쪽이 B(B′)점에서의 발신보다도 빠른 시각에 일어난 현상인 것이다.

만일, C′점에 있는 관측자 쪽이 A(A′)점, B(B′)점으로부터의 신호를 동시에 받았다면 이 관측자에게는 두 점에 있어서의 발신은 동시각에 일어난 현상이다. 그러나 이번에는 C점에 있는 관측자는 B(B′)점으로부터의 신호를 A(A′)점으로부터의 신호보다도 빨리 받게 될 것이다. 따라서 이 관측자에게는 두 점에 있어서의 발신은 동시각에 일어난 현상이 아니고, B(B′)점에서

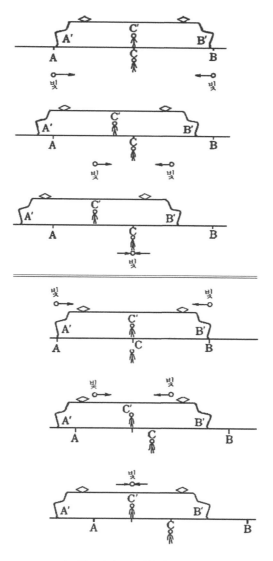

〈그림 139〉 동시성의 상대성

의 발신 쪽이 A(A′)점에서의 발신보다도 빠른 시각에 일어난 현상인 것이다. 이렇게 두 다른 점에서 일어난 현상은 한 좌표계에 관해서 동시였다고 해도 그것에 대해서 등속도로 운동하고 있는 좌표계에 관해서는 동시가 아니다. 즉 동시성 역시 모든 좌표계에 관해 공통되고 절대적인 것이 아니고 좌표계에 따른 상대적인 것이다.

만일, 광속도가 무한대라면 동시성은 좌표계에 의하지 않는 절대적인 것이 되며 광속도는 그것이 대단히 크다고 하더라도 유한이기 때문에 동시의 상대성이 생기는 것이다. 만일 빛보다 빠른 신호를 사용할 수 있을지라도 그 속도가 유한하다면 의론이 성립한다.

길이의 상대성

기차의 예로 되돌아가자. 지상에 고정된 좌표계에 관하여 두 점에 있어서의 발신이 동시각의 현상이었다고 하자. 즉 지상의 관측자에게는 기차의 선두 A′가 지상의 A점에, 후미 B′가 B점에 각각 같은 시각에 일치하므로 기차의 길이 A′B′는 AB의 거리와 같아진다. 그러나 기차의 관측자에게는 A(A′)점에서의 발신 쪽이 B(B′)점에서의 발신보다도 빨랐으므로 기차의 선두 A′가 지상의 A점을 통과한 뒤에 후미 B′가 B점을 통과하게 되어 기차의 길이 A′B′는 거리 AB보다 길게 된다.

또 기차에 고정된 좌표계에 관해 두 점에 있어서의 발신이 동시각인 경우에도 마찬가지로 기차의 관측자에는 거리 AB가 기차의 길이 A′B′와 같고 지상의 관측자에게는 거리 AB는 기차보다도 길어진다.

이렇게 두 점간의 거리도 또한 좌표계에 의존하지 않는 불변한 양이 아닌 것을 알게 된다.

물리량과 관측수단

특수상대성 이론의 두 가설인 상대성과 광속도의 불변성을 정식화하는 데 있어 서로 등속도로 운동하고 있는 좌표계 간의 변환은 어떤 것이어야 할까? 갈릴레이 변환은 상대성의 가설에는 적합하지만 광속도의 불변성을 만족시키지 않는다는 것은 분명하다. 새로운 좌표계의 변환은 공간의 상대성뿐만 아니라 시간의 상대성도 고려해야 할 것이다.

여기서 좌표계에 대하여 다시 한 번 돌이켜 생각해 보자.

좌표계는 자와 시계를 가진 관측자를 의미하고 있다. 현상이 일어난 위치는 좌표계에 대해서 정지하고 있는 자로서 원점으로부터 각 좌표계에 따라 측정한 거리, 즉 좌표에 의해 주어진다. 현상이 일어난 시각은 현상이 일어난 위치에 있고 좌표계에 대하여 정지하고 있는 시계로 측정할 수 있을 것이다.

그래서 좌표계에 고정된 모든 시계를 맞춰 놓아야 한다. 그러기 위해서는 광신호를 사용하면 된다. 빛이 한 점 P로부터 나와 Q점에서 반사되고, 다시 P점으로 되돌아온다면 빛이 Q점에 도달한 시각과 P점을 출발한 시각과의 차가 P점으로 되돌아온 시각과 Q점에서 반사된 시각과의 차와 같을 때, P점의 시계와 Q점의 시계가 맞게 된다.

이러한 좌표계에 결부된 시계에 대한 고찰, 그리고 기차의 예에 의한 동시성의 검토 등으로부터도 알 수 있듯이 상대성 이론은 여러 가지 물리량이 어떠한 수단에 의해서 관측되는가

120

에 대한 깊은 반성에 바탕을 둔 것이었다.

그 무렵 아인슈타인은 한밤중에 베른(Bern) 남쪽에 있는 그 루텐산에 친구들과 자주 등산을 했다. 아름다운 별하늘은 우주에의 동경을 유발하고, 아침이 밝아오며 알프스의 산들이 아침놀 속에 차례차례 떠오를 때 빛을 중개로 하는 시간과 공간과의 신비한 교차 속에 아인슈타인은 시공의 구조에 깊은 상념을 폈을 것이다.

로렌츠 변환

서로 등속도로 운동하고 있는 두 좌표계 O-XYZ와 O′-X′Y′Z′를 간단하게 하기 위하여 X축과 X′축이 동일 직선상에 있고, 원점 O′가 원점 O에 대하여 X방향으로 운동하도록 채택해 보자. 그리고 원점 O′가 원점 O에 겹친 순간을 시간의 원점으로 선정한다고 하자. 두 관측자는 그때 시간을 0에 맞춘다.

그리하여 O′계의 O계에 대한 속도를 v_0라고 하고 진공 중에 있어서 광속도를 c로 나타내면 상대성과 광속도 불변성에 대한 두 가설은 좌표계의 변환을 다음과 같이 줌으로써 서로 모순되는 일없이 정식화된다. 즉,

$$x' = \frac{x - v_0 t}{\sqrt{1 - v_0^2/c^2}}$$

$y' = y$

$z' = z$ ························· 〈수식 14-1〉

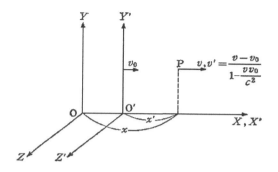

〈그림 140〉 로렌츠 변환

$$t' = \frac{t - v_0 x' / c^2}{\sqrt{1 - v_0^2 / c^2}}$$

이러한 좌표계 변환은 로렌츠 변환(變換)이라 불린다.

로렌츠 변환〈수식 14-1〉에 있어서 광속도 c를 무한대로 하면, 갈릴레이 변환 〈수식 6-2〉 x'=x_0-v_0t가 유도되고, 또 t'=t가 되어 두 좌표계에 있어서 시간이 같아진다는 것을 알 수 있다. 즉 갈릴레이 변환은 로렌츠 변환에 있어서 광속도를 무한대로 하였을 때의 극한이 된다.

또 변환 〈수식 14-1〉의 역변환은 다음과 같이 된다.

$$x = \frac{x' - v_0 t'}{\sqrt{1 - v_0^2 / c^2}}$$

y = y'

z = z' ·························· 〈수식 14-1'〉

$$t = \frac{t' - v_0 x'/c^2}{\sqrt{1 - v_0^2/c^2}}$$

이것은 〈수식 14-1〉을 역으로 풀어도 얻어질 수 있고, 또 운동의 상대성에 의하여 O계의 O′계에 대한 속도는 $-v_0$,이므로 〈수식 14-1〉의 두 좌표를 바꿔침과 더불어 v_0의 부호를 바꿔도 쉽게 유도된다.

로렌츠 변환과 동시성

그러면 로렌츠 변환으로부터 유도되는 여러 가지 결론에 대하여 고찰해 보자.

먼저 동시성을 검토하자.

두 현상이 O계에서는 같은 시각 t에 일어났다고 해도 이들 x좌표 x_1, x_2가 다르면 로렌츠 변환 〈수식 14-1〉의 최후의 식에 의하여 $t_1' = (t - v_0 x_1/c^2)/\sqrt{1 - v_0^2/c^2}$, $t_2' = (t - v_0 x_2/c^2)/\sqrt{1 - v_0^2/c^2}$ 가 되어 O′계에서는 다른 시각에 일어난 것을 알 수 있다.

막대의 수축

다음에 물체의 길이, 두 점간의 거리에 대하여 고찰하자.

지금, O′계에 대하여 정지하고 있고 X′축에 평행으로 놓아진 막대 길이를 O계의 관측자가 관측한다고 하자. 관측자는 O계의 동시각에 막대 양단의 좌표를 재면 된다. 그 결과, 시각 t에 있어서 양단의 좌표가 x_1, x_2였다고 한다. 로렌츠 변환 〈수식 14-1〉의 최초의 식에 의하면 $x_1' = (x_1 - v_0 t)/\sqrt{1 - v_0^2/c^2}$, x_2'

$=(x_2-v_0t)/\sqrt{1-v_0^2/c^2}$ 이므로 $x_2'-x_1'=(x_2-x_1)/\sqrt{1-v_0^2/c^2}$ 가 된다. O′계, O계에 있어서 막대의 길이는 각각 $\ell_0=x_2'-x_1'$, $\ell=x_2-x_1$이므로,

$$\ell = \ell_0\sqrt{1-v_0^2/c^2} \quad \text{.............} \quad \langle수식\ 14\text{-}2\rangle$$

라는 관계가 유도된다.

즉 물체의 길이는 그것에 대하여 운동하고 있는 좌표계에서 보면, 그것이 정지하고 있는 좌표계에서의 길이와 비해 $\sqrt{1-v_0^2/c^2}$(<1) 배로 짧아지는 것이다.

이것은 로렌츠-피츠제럴드의 수축에 해당하는데, 다른 것은 이 수축은 상대적이어서 O′계에서 정지하고 있는 것은 O계로부터는 짧게 보이고, 거꾸로 O계에서 정지하고 있는 것은 O′계로부터는 짧게 보이는 것이다.

시간의 지연

이번에는 시계의 진행을 조사해보자.

지금, 두 현상이 O′계에 관해서 같은 좌표 x′점에서 다른 시각 t_1', t_2'에 일어났다고 하자. O계에 관해서 이들 두 현상이 일어난 시각은 로렌츠 변환 〈수식 14-1′〉의 최후의 식에 의하면, $t_1=(t_1'+v_0x'/c^2)/\sqrt{1-v_0^2/c^2}$, $t_2=(t_2'+v_0x'/c^2)/\sqrt{1-v_0^2/c^2}$ 가 된다. 따라서,

$$t_2-t_1 = \frac{t_2'-t_1'}{\sqrt{1-v_0^2/c^2}} \quad \text{.............} \quad \langle수식\ 14\text{-}3\rangle$$

두 현장간의 시간은 그것들이 일어나고 있는 점에 대하여 운

동하고 있는 시계로 쟀을 때, 그 점에 대하여 정지하고 있는 시계로 쟀을 때와 비교해 $1/\sqrt{1-v_0^2/c^2}\,(>1)$ 배만큼 늘어나게 된다. 바꿔 말하면 관측자에 대하여 운동하고 있는 시계는 그 진행이 늦어지는 것이다.

그 지간의 신장은 다음과 같은 사실에 의하여 검증되고 있다. 파이(π)중간자나 뮤(μ)중간자는 각각 1억분의 1초, 100만분의 1초 정도로 붕괴하여 다른 소립자가 되는데, 그것들이 빛에 가까운 고속으로 달릴 때에는 수명이 100배 정도나 길어진다는 것이다(17장 참조).

속도의 변환

또한 좌표계의 변환에 수반하는 속도의 변환을 유도해 보자.

지금 O계에 관하여 x방향으로 등속도 v로 운동하고 있는 물체는 원점을 시각 0에 출발하였다고 하면, t시간 후에는 x=vt인 점에 도달할 것이다. O′계에서는 도달점의 좌표 x′ 및 그때까지의 소요시간 t′는 로렌츠 변환 〈수식 14-1〉의 최초와 최후의 식에 x=vt를 대입하여 x′=(v-v₀)t/$\sqrt{1-v_0^2/c^2}$, t′=(1-vv₀/c²)t/$\sqrt{1-v_0^2/c^2}$로 구해진다. 이들 두 식에서 t를 소거하면 x′=(v-v₀)t′/(1-vv₀/c²)가 되고 O′계에 있어서의 등속도 운동 x′=v′t′와 비교하여,

$$v' = \frac{v-v_0}{1-vv_0/c^2} \quad \cdots\cdots\cdots\cdots \quad \text{〈수식 14-4〉}$$

가 유도된다.

이 변환 〈수식 14-4〉가 광속도를 무한대로 한 극한에서 갈

릴레이 변환 〈수식 6-1〉 $v'=v-v_0$과 일치한다는 것은 쉽게 알 수 있다.

그런데 〈수식 14-4〉에 의하면, 광속도는 과연 모든 좌표계에 관하여 일정한 값 c를 가질까? 지금 O계에 관한 속도가 c였다고 하면 $v=c$를 〈수식 14-4〉에 넣으면 $v'=c$, 즉 O′계에 관한 속도도 역시 c인 것을 알 수 있다. 이렇게 하여 로렌츠 변환은 광속도의 불변성을 보증하는 것이다.

시간의 공간화와 부정계량

그런데 『물리학의 재발견(상)』 6장에서 고찰한 것 같이 3차원 유클리드 공간에 있어서 거리의 제곱 $s^2=(x_2-x_1)^2+(y_2-y_1)^2+(z_2-z_1)^2$ 〈수식 6-10〉은 갈릴레이 변환에 관해 불변한 양이었다. 그러나 로렌츠 변환에 관해서는 불변한 양이 못된다. 〈수식 14-1〉과 같이 두 좌표계에 대하여 좌표는 좌표와만, 시간은 시간과만 관계되는 것은 아니고 좌표와 시각이 뒤섞여서 관계된다. 이러한 변환에 관해서는 어떤 불변량이 존재할까? 그것은 어떤 공간좌표 (x, y, z)와 시간좌표 t가 결합된 양임에 틀림없다.

실제로, 구하는 불변량은 다음과 같은 형태를 가지고 있다는 것이 쉽게 증명될 것이다(『물리학의 재발견(상)』 6장 참조).

$$s^2 = (x_2-x_1)^2+(y_2-y_1)^2+(z_2-z_1)^2-c^2(t_2-t_1)^2 \quad \cdots\cdots \quad 〈수식 14-5〉$$

이것은 공간의 3차원과 시간의 1차원을 결부시킨 4차원 시공에 있어서 거리의 제곱이라고 해석할 수는 없을까? 다만, 공간적 거리의 제곱과 시간적 거리의 제곱과는 더해지지 않고 차가 취해진다. 이러한 4차원 시공은 민코프스키(Herman Minkowski 1864~1909) 공간이라 불린다.

이리하여 특수상대성 이론은 민코프스키의 4차원 시공을 배경으로 하는 이론임이 밝혀졌다.

민코프스키 공간에 있어서 거리의 제곱은 유클리드 공간에 있어서의 거리의 제곱과는 달라서 플러스, 마이너스, 0 가운데 어떤 값도 취할 수 있다. 이러한 공간을 부정계량의 공간이라 하고, 유클리드 공간과 같은 정계량의 공간과는 구별된다.

따라서 민코프스키 공간에 있어서 거리의 제곱은 다음과 같이 정의해도 된다.

$$s^2 = c^2(t_2-t_1)^2-(x_2-x_1)^2-(y_2-y_1)^2-(z_2-z_1)^2 \quad \cdots\cdots \quad \langle 수식\ 14-5' \rangle$$

정의 〈수식 14-5〉는 3차원 유클리드 공간과의 연계를 알아보는 데는 편리하지만 상대성 이론, 특히 일반상대성 이론을 전개하는 데는 정의 〈수식 14-5'〉쪽이 편리한 것 같다. 따라서 앞으로 민코프스키 공간의 거리로서는 정의 〈수식 14-5〉를 사용하기로 한다. 시간적 거리의 제곱과 공간적 거리의 제곱과의 부호의 차이에 시간과 공간의 절대적인 상위가 숨겨져 있다고 보겠다. 공간은 왕복이 가능하지만 시간은 가고 다시 되돌아오는 일이 없다.

부정계량의 공간은 정계량의 공간과 비해 기하학적으로 아주 복잡한 성질을 갖고 있다. 특수상대성 이론은 광속도의 불변성을 통해 시간을 공간화하였는데, 그것은 부정계량의 도입이라는 희생을 치룸으로써 성취되었다.

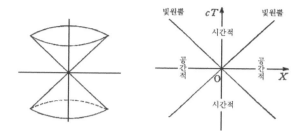

<그림 141> 민코프스키 공간

민코프스키 공간

민코프스키 공간을 그림으로 나타내는 데는 가로축에 공간의 3차원을 대표하여 x좌표를 잡고, 세로축에 시간과 진공중의 광속도를 곱한 것 ct를 취하면 된다.

빛은 t시간에 거리 x=ct를 진행하므로 원점을 통과하는 빛은 가로, 세로축과 45°를 이루는 두 직선으로 표시된다. 이것은 Y축도 넣으면 T축을 축으로 하는 원뿔면이 되므로 빛원뿔(光圓錐)이라고 불리는데, 실은 Z축도 들어가므로 3차원 공간이 되는 것이다.

또 공간에 정지하고 있는 물체는, x좌표는 변함이 없지만 t좌표는 균일하게 증가해가므로 세로축에 평행한 직선으로 표시되며 등속도로 운동하고 있는 물체는 x=vt=(v/c)ct, v/c<1이기 때문에 세로축에 대하여 45°보다 작은 각도로서 경사한 직선으로 표시된다.

그런데 빛원뿔 위의 점은 원점으로부터의 거리의 제곱 $s^2=c^2t^2-x^2$이 0이고 빛원뿔의 위, 아래 부분, 즉 안쪽은 원점으로부터의 거리의 제곱이 플러스, 빛원뿔의 좌우부분, 즉 바깥쪽은 마이너스가 되어 있다. 일반적으로 두 점간의 거리의 제곱이 플러스, 마이너스, 0인 때 이들 두 점은 각각 시간적, 공간적, 광적(光的)으로 떨어져 있다고 한다. 따라서 빛원뿔은 원점에 대해서 광적이고, 빛원뿔의 안쪽은 시간적, 바깥쪽은 공간적이다.

빛이나 물체의 운동에서도 알 수 있듯이 원점으로부터의 작용은 빛원뿔 및 그 안쪽 점으로는 전파되지만 빛보다 빠른 것은 없다고 생각되고 있으므로 빛원뿔의 바깥쪽 점으로는 전파되지 않는다. 일반적으로 시간적, 광적으로 떨어져 있는 두 점간에는 작용은 전달되지만, 공간적으로 떨어져 있는 두 점간에는 작용은 전달되지 않는 것이다. 따라서 두 물체가 공간적으로 떨어져 있다면 서로 아무런 영향을 미치지 않게 된다.

시공의 회전

좌표계를 로렌츠 변환시켜 보자.

새로운 좌표계는 시간축도 공간축도 모두 같은 각도만큼 빛원뿔로 접근하여 경사한다. 왜냐하면 원래의 T축, X축이 각각 x=0, ct=0으로 주어지는 것 같이 새로운, T′축, X′축도 $x' = (x-v_0t)/\sqrt{1-v_0^2/c^2} = 0$, $ct' = (ct-v_0x/c)/\sqrt{1-v_0^2/c^2} = 0$, 즉 $x=(v_0/c)ct$, $ct=(v_0/c)x$로 주어지기 때문이다.

이것은 유클리드 공간에서 좌표계를 회전시킨 것과 닮았다. 즉 로렌츠 변환은 민코프스키 공간에 있어서 시간축과 공간축과의 사이의 회전에 해당한다. 다만 좌표계의 회전 방향이 공간 회전의 경우와는 다르지만 이것은 정계량과 부정계량의 차

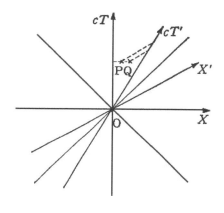

〈그림 142〉 시공의 회전

이에 따른 것이다.

이렇게 좌표축은 로렌츠 변환에 의해 경사하므로 〈그림 142〉의 P, Q와 같이 원래의 좌표계에서는 위치는 달라도 동시였던 두 사상도 변환 후의 좌표계에서는 이제 동시에 일어난 사상은 아닌 것이다.

또 민코프스키 공간에 있어서도 로렌츠 변환, 즉 시공의 회전뿐만 아니라 『물리학의 재발견(상)』 6장에서 설명한 갖가지 좌표계의 변환, 공간의 평행이동, 회전, 경영(鏡映), 반전, 그리고 시간의 평행이동, 시간반전을 생각할 수 있다. 이를테면 거리의 제곱을 주는 〈수식 14-5′〉가 로렌츠 변환뿐만 아니라 이들 모든 변환에 관해 불변량인 것은 6장에서 설명한 3차원 유클리드 공간에 있어서의 거리의 제곱 〈수식 6-10〉의 불변량과 마찬가지로 쉽게 증명할 수 있다.

또 지금까지 설명해 온 로렌츠 변환에 공간 회전도 함께 역시 로렌츠 변환이라 부르는 일이 많다.

4차원 유클리드 공간

그러면 부정계량인 4차원 민코프스키 공간이 아니라 정계량인 4차원 유클리드 공간이란 어떤 공간일까?

먼저 1차원 유클리드 공간으로서 직선을 생각하면, 좌표축 방향에 따라 두 종류의 좌표계 O-X와 O′-X′를 취할 수 있다. 이들 두 좌표계는 이 1차원 공간 안에서는 도저히 겹칠 수는 없다. 이들을 겹치는 데는 2차원 유클리드 공간, 이를테면 이 지면(紙面)을 통해 회전시키면 된다.

다음에 2차원 유클리드 공간으로서 평면을 생각하면, 역시 좌표축 방향에 따라 두 종류의 좌표계 O-XY와 O′-X′Y′를 취할 수 있다. 이들 좌표계는 이 2차원 공간 안에서는 겹칠 수 없다. 이것들을 겹치는 데는 3차원 유클리드 공간을 통해 회전시키면 된다.

마찬가지로 3차원 유클리드 공간에서도 두 종류의 좌표계, 우수계 O-XYZ와 O′-X′Y′Z′를 취할 수 있다. 이 이름은 X, Y, Z축을 각각 좌우 손의 엄지손가락, 집게손가락, 가운데손가락에 대응시킬 수 있는 데서 나온 것이다. 이들 우수계와 좌수계는 이 3차원 공간 안에서는 겹칠 수 없다. 이들을 겹치려면 4차원 유클리드 공간을 통해 회전시키면 된다. 즉 우리는 4차원 공간의 회전을 통해 오른손과 왼손을 완전히 겹칠 수 있는 것이다.

우리는 이렇게 하여 다차원 공간의 이미지를 조성해 갈 수 있을 것이다.

또한 우수계와 좌수계가 공간반전에 의해 겹쳐진다는 것은 말할 것도 없다.

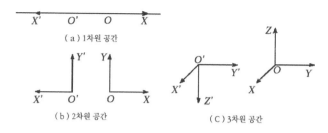

〈그림 143〉 우수계와 좌수계

　이렇게 유클리드 공간은 우수계와 좌수계를 구별할 수 있는, 맞대기 가능한 공간이다. 한편, 이것들을 구별할 수 없는 맞대기 불가능한 공간도 생각할 수 있다. 18장에서는 이러한 공간에 대해서도 언급하겠다.

상대론적 역학

　그럼 맥스웰의 전자기장 방정식은 특수상대성 이론 이전에 형성된 것임에도 불구하고 로렌츠 변환에 의해서 그 형태가 변하지 않고, 모든 관성계에서 마찬가지로 성립된다는 것이 증명된다. 앞서 설명한 공간 회전 따위의 변환에 관해서도 맥스웰 방정식은 형태가 변하지 않는다.

　그러나 뉴턴의 운동 방정식은 『물리학의 재발견(상)』6장에서 설명한 것 같이 공간 회전 등의 변환 외에 갈릴레이 변환에 의해서도 형태가 변하지 않기 때문에 이것을 로렌츠 변환에 의하여 변하지 않는 형태로 수정해야 한다.

　이때 운동량의 정의도 모든 관성계에서 보존법칙이 성립되도록 수정된다. 운동량을 질량과 속도와의 곱의 형태로 기재할 수 있다고 하면 속도변환이 〈수식 14-4〉이기 때문에 질량이 속도의 크기에 의존한다고 하지 않으면 모든 관성계에서 운동량이 보존되지는 않는다.

지금 한 관성계에서 $m(v) \times v + m(v) \times (-v) = 0$이라고 하면 로렌츠 변환 〈수식 14-1〉이 된 관성계에서는 $m(v_1)v_1 + m(v_2)v_2 = [m(v_1) m(v_2)](-v_0)$가 성립되어야 한다. 여기서 v_1, v_2는 〈수식 14-4〉으로부터 $v_1 = (v-v_0)/(1-vv_0/c^2)$, $v_2 = (-v-v_0)/(1+vv_0/c^2)$로 주어진다. 이들 두 식에서 v를 소거하고, 다시 이것과 운동량 보전의 식에서 v_0를 소거하면 $m(v_1)/m(v_2) = \sqrt{1 - v_2^2/c^2} / \sqrt{1 - v_1^2/c^2}$를 얻는다. 그래서 정지질량 $m(0) = m_0$라 두면,

$$m = \frac{m_0}{\sqrt{1 - v^2/c^2}} \quad \cdots\cdots\cdots\cdots \quad \text{〈수식 14-6〉}$$

가 유도된다.

따라서 구하는 운동량은

$$p = mv = \frac{m_0 v}{\sqrt{1 - v^2/c^2}} \quad \cdots\cdots\cdots\cdots \quad \text{〈수식 14-7〉}$$

라고 표시된다.

이들 두 식은 광속도를 무한대로 한 극한에서 뉴턴역학의 그것에 일치한다.

이러한 질량과 운동량의 속도 의존성은 고속으로 운동하고 있는 전자의 전기장이나 자기장에 의한 굴곡의 형태로부터 검증할 수 있다.

질량과 에너지의 동등성

지금까지 운동량은 3차원 유클리드 공간의 벡터로서 다루어

왔는데, 이것이 4차원 민코프스키 공간의 벡터이기 위해서는 x, y, z 성분 외에 제4성분인 시간성분을 가져야 한다.

이 시간성분을 E/c라고 두면, 좌표의 로렌츠 변환 〈수식 14-1〉과 마찬가지로 운동량도 또한 $p_x'=[p_x-(v_0/c)(E/c)]/\sqrt{1-v_0^2/c^2}$로 변환될 것이다. 이것에 $p_x=m_0v\sqrt{1-v^2/c^2}$, $p_x'=m_0v'\sqrt{1-v'^2/c^2}$, $v'=(v-v_0)/(1-vv_0/c^2)$를 넣으면,

$$E = \frac{m_0c^2}{\sqrt{1-v^2/c^2}} = mc^2 \quad \text{············} \quad \text{〈수식 14-8〉}$$

가 구해진다. 〈수식 14-8〉로 구해지는 E는 에너지라고 해석할 수 있다. 왜냐하면 v/c가 작을 때,

$$E = m_0c^2 + \frac{1}{2}m_0v^2 + \quad \text{············} \quad \text{〈수식 14-9〉}$$

라고 전개되고, 제2항은 바로 운동 에너지이기 때문이다. 그러면 제1항은 어떻게 설명될 수 있을까? 물체가 정지하고 있을 때는 에너지는 이 제1항만으로 되므로, 이것은 정지(靜止) 에너지이다. 그리고

$$E = m_0c^2 \quad \text{············} \quad \text{〈수식 14-10〉}$$

라는 관계는 질량이 에너지와 동등한 것이며, 그 환산은 광속도의 제곱을 곱하면 된다는 것을 의미하고 있다. 이 관계식 〈수식 14-10〉은 『물리학의 재발견(상)』 8장에서 설명한 열과 일과의 동등성을 나타내는 〈수식 8-4〉와 유추적(類推的)일 것이다.

이렇듯, 질량보존의 원리와 에너지보존의 원리와는 각각 독립적으로 성립되는 것이 아닌 질량을 포함한 의미에서의 에너

지보존 원리가 성립된다고 보아야 한다.

앞서 13장에서 전하에 수반되는 정전기장의 에너지, 즉 자기 (自己) 에너지가 관성을 갖고, 그 크기는 에너지를 광속도의 제곱으로 나눈 것과 같다는 것을 알았다. 이것은 에너지와 질량과의 동등성을 시사하고 있었다고 하겠다.

이렇게 하여 3차원 공간의 벡터였던 운동량과 스칼라(Scalar)였던 에너지와는 함께 4차원 공간의 벡터를 형성하고 있었던 것이다.

핵 에너지

지금 질량과 에너지와의 관계식 〈수식 14-10〉에 있어서 질량 m_0를 1g이라 하면, 이것을 에너지로 환산하면 9×10^{20}erg가 되는데, 이것은 일본 히로시마에 떨어뜨린 원자폭탄이 발생한 에너지 정도이다. 이렇게 작은 질량이라 할지라도 막대한 에너지와 맞먹게 되는 것이다.

질량의 에너지로의 전환은 소규모이기는 하지만 우리 주변에서도 항상 일어나고 있다. 이를테면 숯의 연소를 생각해 보자. 그 열은 어디서 발생할까? 그것은 $C+O_2 \rightarrow CO_2$에서 반응 후의 이산화탄소의 질량이 반응전의 탄소와 산소와의 질량의 합보다 작고, 그 차만이 열이 되는 것이다. 단지 이 정도의 에너지는 질량으로 환산하면 너무 작아 도저히 천칭 따위로 검출할 수는 없다. 따라서 일반적으로 화학반응에 있어서는 질량보존법칙이 성립된다고 해도 된다.

그러나 원자핵반응에서 전환되는 에너지는 화학 반응의 100만 배 정도로 질량 변화를 무시할 수는 없다. 이를테면, 앞서

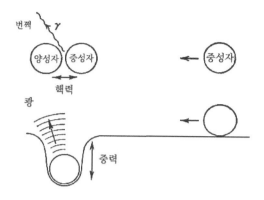

⟨그림 144⟩ 핵 에너지 발생의 기구

13장에서 설명한 핵반응 $_3Li^7 + _1H^1 \rightarrow 2_2He^4$에 있어서 두 개의 헬륨의 질량은 리튬과 수소와의 질량의 합보다 작고, 이 질량의 감소가 대단한 속도로 비산하는 두 개의 헬륨의 운동 에너지에 상당한다는 것이 실험적으로 검증될 수 있다.

일반적으로, 핵반응에 의하여 질량과 상호간에 전환되는 에너지를 핵 에너지, 흔히 원자력(原子力)이라 부르고 있다.

그러면 질량의 에너지로의 전환은 어떤 메커니즘에 의해 일어나는가?

지금 지면을 굴러온 공이 우물이 있으면 중력작용에 의해서 낙하함과 더불어 차츰 그 위치 에너지를 잃고, 운동 에너지를 얻게 된다. 바닥에 닿은 공의 에너지는 소리나 지면의 탄성파 에너지가 되어 방출된다.

마찬가지로 중성자가 양성자에 접근하면 핵력이 작용하고 중성자는 핵력의 우물에 빠져들어, 그 잃어진 에너지는 감마선(γ 線)이 되어 방출된다. 이 현상은 양성자에 의한 중성자의 포획

(捕獲)이라 불리는데, 양성자와 중성자가 결합한 중수소의 원자핵[중양성자(重陽性子)라고도 불린다]의 질량은 양성자의 질량과 중성자의 질량의 합보다 γ선의 에너지를 뺀 만큼 작다.

거꾸로 중수소 원자핵을 γ선에 의해 양성자와 중성자로 분해하려고 하면 그 γ선은 포획 때에 방출되는 γ선의 에너지 이상의 에너지를 갖는 것이어야 한다. 이 현상을 중양성자의 광분해(光分解)라고 한다. 이 핵반응에서 에너지의 질량에의 전환이 일어나고 있다는 것은 말할 것도 없다.

질량은 제5차원을 암시하고 있는 것이 아닌가

운동량과 에너지가 조합되어 4차원 민코프스키 공간의 벡터를 형성하고 있다는 것을 알았으니, 이번에는 이 4차원 벡터의 크기를 구해 보자.

3차원 유클리드 공간에서 그 벡터 크기의 제곱은 각 x, y, z 성분의 제곱의 합으로 주어진다. 2차원인 경우에는 이것은 〈그림 145〉와 같이 피타고라스(Pythagoras, B.C. 582?~497?)의 정리로부터도 분명하다.

4차원 민코프스키 공간은 부정계량이므로 그 벡터의 크기의 제곱도 t성분의 제곱으로부터 x, y, z 성분의 제곱의 합을 뺀 것으로 주어진다. 따라서 에너지-운동량벡터의 크기는 〈수식 14-7〉, 〈수식 14-8〉으로부터

$$\left(\frac{E}{c}\right)^2 - p_x^{\,2} - p_y^{\,2} - p_z^{\,2} = (m_0 c)^2 \quad \cdots\cdots\cdots \quad \text{〈수식 14-11〉}$$

라고 구해지고, 정지질량에 의해 결정된다. 지금까지와 마찬가지로 여기서도 간단히 하기 위해, 물체는 x방향으로 운동하고

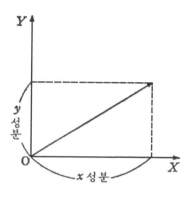

〈그림 145〉 벡터의 크기

있고 운동량 y, z 성분은 0이라고 했다.

그런데 〈수식 14-11〉에 있어서 우변을 좌변으로 이항하면 $(E/c)^2-p_x{}^2-p_y{}^2-p_z{}^2-(m_0c)^2=0$이 된다. 이것은 5차원 운동량 공간의 빛원뿔을 나타내고, m_0c는 운동량의 제5성분에 상당하므로 그것이 공간과 같은 계량으로 들어가 있게 된다. 이 사실은 질량이 무엇인가 공간의 제5차원과 관련하고 있다는 것을 암시하는 것처럼 생각되기도 한다.

에너지의 보존과 시간의 균일성

뉴턴의 운동 방정식은 『물리학의 재발견(상)』 4장에서 설명한 것 같이 운동량의 시간적 변화는 힘과 같다고 표시된다. 각 성분으로 나눠서 나타내면 운동량의 x, y, z 성분의 시간적 변화는 힘의 x, y, z 성분과 같다고 표시된다.

3차원 유클리드 공간에 있어서의 이 방정식을 4차원 민코프스키 공간으로 확장하는 데는 x, y, z 성분에 대해서 뿐만 아니라 t성분에 대한 방정식을 부가해야 할 것이다. 이 방정식은, 에너지의 시간적 변화는 힘의 제4성분과 같다는 형식으로 표시될 것이다. 그리고 이 힘의 제4성분은 힘의 공간성분과 속도와의 곱과 같고, 따라서 힘이 하는 일의 시간적 변화와 같게 된다.

그래서 『물리학의 재발견(상)』 7장 「운동량의 보존과 공간의 균질성」에서 설명한 에너지보존이 시간의 균일성을 나타낸다는 것을 증명해 보자. 이것은 운동량보존이 공간의 균질성을 나타낸다는 사실의 증명과 똑같다.

지금 한 물리계(物理系)를 시간 방향으로 밀치면 힘의 제4성분에 이 시간의 어긋남을 곱한 만큼의 일을 하게 될 것이다. 이때, 만일 이 계의 에너지가 보존된다면, 그 시간적 변화는 0으로서 힘의 제4성분의 합도 0이 되고, 따라서 시간적인 변위(變位)에 따라서는 일을 하지 않게 되기도 한다.

이러한 경우에는 계를 시간적으로 변위시킨 것과 시계의 0을 변화시킨 것, 즉 시간좌표를 평행이동 시킨 것과는 구별할 수는 없을 것이다. 계의 시간적 평행이동과 관측자의 시간적 평행이동을 구별할 수 없다는 것은 다름 아닌 시간이 언제나 균일하게 흐르고 있다는 것을 말한다.

즉 시간의 균일성은 에너지보존에 의해 표현되는 것이다.

에테르와의 결별

이상의 논의로부터 분명한 것 같이 전자기파를 전달하는 매질로서의 에테르는 특수상대성 이론에 있어서는 이제는 존재할 여지가 없다.

우리는 기하 공간이라는 그릇 속에 에테르가 존재하는 것이 아니고, 공간 자체가 전자기파를 전달하는 성질을 가진 물리 공간이라고 생각하지 않을 수 없다. 전자기파를 전달하는 물리 공간의 성질만큼 꺼내서 그것을 에테르라고 불렀다고 생각해도 될 것이다.

인과율의 파탄

끝으로 특수상대성 이론은 강체(剛体)의 존재를 받아들이지 않는다는 것에 주의하기 바란다.

강체란 어떤 힘을 가해도 그 크기나 형태가 변화하지 않는 물체이다. 물론, 이것도 질점(質点)과 마찬가지로 하나의 이상화된 물체이며, 그 이상화에 의해 문제를 간단하게 하고, 물체를 특징짓는 크기의 본질이 밝혀진다. 그리고 힘이 그다지 강하지 않으면 보통 고체는 강체로 다루어도 지장이 없을 것이다.

막대의 한쪽 끝을 물체에 접촉시키고, 다른 끝을 밀면 순간적으로 물체가 막대와 같은 힘으로 밀린다. 강체는 그 한 곳에 가해진 작용을 무한대의 속도로 다른 부분으로 전달한다.

따라서 빛이 강체(전기를 띤)에 흡수되면, 그 순간에 강체의 다른 부분으로부터 빛이 사출되고, 작용은 전체로서 빛보다도 빨리 전해 퍼져나가 버린다(〈그림 146〉 참조). 즉 강체가 존재하면 공간적으로 떨어진 두 점 사이에도(시간적, 광적으로 떨어진 두 점간만이 아니고) 작용이 전달된다. 그렇게 되면 먼저 나간 빛에 따라붙는 것도 가능하다.

특수상대성 이론에서는 강체의 존재를 허용하면 인과율이 깨진다.

로렌츠 변환을 고려하면 이런 사정은 보다 정확하게 파악될

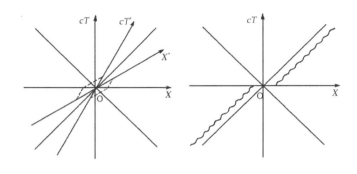

〈그림 146〉 인과율의 파탄

것이다. 강체가 정지하고 있는 좌표계에서는 시간좌표가 같고 공간좌표만이 다른 두 점간에 순간적으로 작용이 전달된다. 강체에 대해서 운동하고 있는 좌표계에서는 공간좌표뿐만 아니라 시간좌표도 다른 두 점간에 작용이 순간적으로 전달되며, 다른 시각이 동시가 아니면 안 된다(〈그림 146〉 참조). 즉 시각이 두께를 갖게 되는 것이다.

그리고 이러한 인과율의 파탄은 짧은 시간이나 좁은 공간 안에 한정시킬 수는 없다. 왜냐하면, 역시 로렌츠 변환을 생각하면, 어떤 좌표계에서는 시간적, 공간적으로 가까운 두 점도 이것에 대하여 고속도로 운동하고 있는 좌표계로부터 보면 시간적으로도 공간적으로도 멀리 떨어진 두 점이기 때문이다.

이 특수상대성 이론에서의 인과율 문제는 소립자의 확장과 관련시켜 다시 18장에서 다루겠다.

15. 일반상대성 이론과 우주
—만유인력은 시공의 기하학으로 환원된다

일반상대성을 찾아서

상대성의 가설은 관성계 사이에 한하지 않고, 관성계에 대하여 가속도를 갖는 좌표계로까지 확장할 수 없을까? 이 물음에 답한 것이, 1916년 아인슈타인에 의해 제출된 일반상대성이론이다.

원래 갈릴레이의 상대성 이론이나 아인슈타인의 특수상대성 이론도 모두 관성계 사이에서 성립되는 상대성이어서, 뉴턴의 운동 방정식이나 맥스웰의 전자기장 방정식이 어떤 좌표계에 관해 성립된다면 이 좌표계에 대해 등속도로 운동하고 있는 모든 좌표계에 대해서도 이들 방정식이 성립된다는 것, 그리고 이들 좌표계는 그중 어느 하나가 특별히 우월성을 갖는 일은 없고 모든 방정식의 기술에 대등한 자격을 갖는다는 것을 주장하고 있는 것이다.

그러면 관성계에 대해서 가속도를 가진 좌표계에 대해서는 어떨까? 이미 『물리학의 재발견(상)』 6장에서 고찰한 것 같이, 비관성계에 관해서는 뉴턴의 운동 방정식은 그대로의 형태로는 성립되지 않고 관성계에서도 작용하는 보통 힘 외에, 비관성계에서만 작용하는 관성력도 더해야 비로소 운동을 기술할 수 있다. 이것으로는 관성계가 비관성계와 비해 우월적인 지위를 차지하는 것 같이 다뤄진다고밖에 말할 수 없다.

그렇다면 좌표계가 관성계인지, 비관성계인지는 어떻게 판정될까? 관성계란 거기에서는 힘이 작용하지 않을 때 물체가 등속도 운동을 하는 좌표계이다. 그러면 힘이 작용하지 않는다는 것은 어떻게 판정할까? 관성계에 있어서 물체가 등속도 운동을 하면 힘이 작용하지 않는다는 것을 알 수 있다. 이렇게 되면 순환논법이 되어버린다.

따라서 관성계만을 특별취급하지 않고 모든 좌표계에 대등한 자격을 안정하고 어떤 좌표계에 관해서도 물리학의 원리, 법칙이 같은 형태로 성립되도록 이론을 확장해야 한다.

그때 속도뿐만 아니라 가속도도 상대적이 될 것이므로 또한 힘도 상대적으로 취급될 것이다.

등가원리

또 이러한 확장의 정당성은 중력장의 존재에 의해서도 입증된다.

이미 『물리학의 재발견(상)』 5장에서 지적한 것 같이, 중력은 그것이 작용하는 물체의 질량에 비례하며, 따라서 모든 물체에 같은 가속도를 준다는 특이한 성질을 가지고 있다. 이것은 갈릴레이가 낙하운동 연구에 의해 보여준 것인데, 19세기 말에 행해진 외트뵈시(Rolan von Eötvös 1848~1919)의 실험에 의해서도 엄밀히 검증되었다.

6장에서 고찰한 것 같이 중력이 작용하지 않는 관성계라고 간주되는 공간을 엘리베이터가 중력 가속도의 크기와 같은 크기의 가속도로 한 방향으로 운동하려 한다고 하자. 공간에 정지하고 있는 관측자에 의하면 엘리베이터 속의 물체는 손에서 떠나서도 정지하고 있고, 엘리베이터 바닥이 가속도를 가지고 물체로 접근하는 것이며, 엘리베이터 속의 관측자에 의하면 엘리베이터는 정지하고 있는 데도 물체는 손을 떼면 등가속도를 가지고 바닥을 향해 운동한다. 엘리베이터 속의 낙하운동은 그 가속도가 물체 질량에 의존하지 않고 모든 물체에 대해서 같은

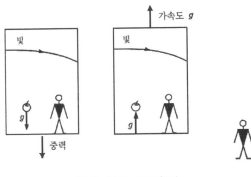

〈그림 147〉 등가원리

값 g가 된다는 것은 분명하고, 소용수철 저울에 물체를 매달면
바늘이 가리키는 눈금은 질량과 비례하고 지구상에서의 무게와
같아지는 것이다.

　이리하여 엘리베이터 속에서 일어나는 현상은 모두 지구상에
서 일어나는 현상과 똑같고, 우리는 중력이 작용하고 있는 공
간에서 정지하고 있는가, 중력이 작용하고 있지 않은 공간에서
등가속도 운동을 하고 있는가의 어느 쪽인가를 구별할 수 없
다. 이 사정은 등가원리(等價原理)라는 이름으로 불리고 있다.

　또한 이 엘리베이터 창으로부터 운동 방향과 수직으로 빛이
들어왔다고 하자. 빛은 직진하지만 엘리베이터도 운동하고 있
으므로, 관성계에 있는 관측자는 이 빛이 입사한 창의 위치보
다도 바닥에 가까운 위치에서 반대쪽 벽에 부딪치는 것을 보게
될 것이다. 그러나 엘리베이터 속의 관측자는 엘리베이터는 정
지하고 있는데도 빛은 중력에 의해서 휘어지고 곡선을 그리고
진행한다고 할 것이 틀림없다. 실제로 빛이 중력에 의하여 휘
어진다는 것, 중력이 작용하고 있는 공간에서는 두 점간의 최

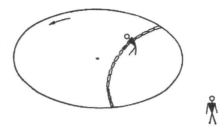

〈그림 148〉 회전무대의 기하학

단거리가 직선이 아니라는 것은 뒤에서 설명하겠다.

회전무대의 기하학

관성계에 대하여 가속도를 가진 좌표계에 관한 또 하나의 예로서 균일한 속도로 회전하고 있는 회전무대를 가정하고, 회전무대의 원둘레(원주)와 지름의 비를 측정해 보자. 관성계에 있는 관측자가 측정하면 그 결과는 원주율 3.14……와 같을 것이다. 한편, 회전무대 위에 있는 관측자가 측정하고 있는 것을 바깥쪽 관측자가 보면 원주를 측정할 때에는 자는 바깥 쪽 관측자에 대하여 운동하고 있으므로, 특수상대성 이론에 의하여 자는 수축하지만, 지름을 잴 때에는 자는 수축하지 않을 것이다. 따라서 원둘레와 지름과의 비의 값은 원주율보다 커질 것이 틀림없다.

회전무대에 선 관측자가 같은 모양의 자를 원둘레 위의 임의의 두 점 사이에 배열시킬 때, 가능한 한 적은 개수로 채우기 위해서는 직선에 따라서 배열하지 말고 중심 쪽으로 휜 곡선을 따라서 늘어놓는 편이 좋다는 것을 알게 될 것이다. 왜냐하면 바깥 쪽 관측자 편에서는 자의 개수를 적게 하는 데는 그 수축을 작게 해야 한다. 바깥쪽 관측자에 대한 속도를 작게 만들려면 자를 될 수 있는 대로 원주로부터 멀게 배열해야 한다는 뜻이다. 즉 이 회전무대의 2차원 공간에서 두 점 간의 최단거리는 직선이 아니다.

실제로 빛은 바깥 관측자에게는 회전무대 위에서도 직진하지만, 회전무대에 서 있는 관측자에게는 앞에서 설명한 곡선에 따라 나간다. 그것은 회전하고 있는 레코드 위에서 곧바로 펜을 움직여도 그어진 필적은 곡선이 되어 있는 것과 마찬가지다.

회전무대의 시계의 진행은 장소에 따라 다르다

또한 관성계의 관측자가 회전무대 중심에 놓인 시계와 원주 위에 놓인 시계와를 관성계의 시계와 비교하면 중심 시계의 진행은 관성계 시계와 같지만 원주 위의 시계 진행은 그것이 그에 대하여 운동하고 있으므로, 특수상대성 이론에 의하여 관성계 시계보다도 진행이 늦는다는 것, 따라서 중심 시계보다도 진행이 늦는다는 것을 보게 되며, 회전무대 중심에 있는 관측자도 같은 사실을 확인할 수 있다.

지금 무대 위의 관측자가 먼저 중심에서 자기 시계를 거기에 있는 시계와 맞추고 원주 위까지 와서 다시 중심으로 되돌아가면, 그는 자가 시계가 중심의 시계에 비해 늦게 간다는 것을 알게 될 것이다.

회전무대 공간에서는 시간을 시계의 진행이 그 놓인 장소에 의존하도록 정의해야만 한다.

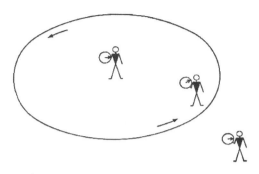

〈그림 149〉 회전무대의 시계의 진행

비유클리드 기하학

그래서 관성계의 관측자는 이렇게 생각할 것이다. 회전무대 위에서는 원심력이라고 하는(관성계에서는 작용하지 않는) 힘이 외향으로 작용하며, 또한 거기에서는 유클리드 기하학은 성립하지 않는다. 시계의 진행도 장소에 따라 달라진다. 이렇다면 회전무대 좌표계는 관성계와 비해 뒤진 좌표계라고 말할 수밖에 없다. 관성계에서 보면 회전무대는 유클리드 공간 안에서 가속도 운동을 하고 있는 것이어서 원심력을 고려할 필요는 없기 때문이다.

그러나 회전무대 위의 관측자는 이렇게 생각할 것이다. 바깥쪽 관측자는 무대 주위를 회전하고 있다. 무대의 좌표계도 현상의 기술에 바깥 좌표계와 동등한 자격을 가지고 있어야 한다. 원심력이 자를 일그러뜨리고 시계의 진행을 바꾸는 것이기 때문에 원심력과 유클리드 기하학이 성립하지 않는다는 것과 시계의 진행이 장소에 따라 다르다는 것 모두 밀접한 관련을 갖는다.

만일 유클리드 기하학이 유일한 기하학이라면 관성계의 관측자 생각이 옳겠지만, 이미 우리는 그 이외의 기하학을 알고 있다. 『물리학의 재발견(상)』 3장에서도 설명한 것처럼 유클리드 기하학에 있어서의 평행성 공리, 「주어진 직선 밖의 한 점을 지나 이 직선과 평행한 직선은 다만 한 개를 그을 수 있다」 또는, 다른 공리 「적어도 두 개 그을 수 있다」 또는 「한 개도 그을 수 없다」로 바꿈으로써 비유클리드 기하학〔로바체프스키(Nicolai Ivanovich Lobachevski, 1793~1856)의 비유클리드 기하학, 또는 리만(Georg Friedrich Bernhard Riemann, 1877~1866)의 비유클리드 기하학〕이 창조되는 것이다.

이러한 시도는 19세기 전반에 가우스(Johann Karl Friedrich Gauss, 1777~1855), 보여이 야노시(Janos Bolyai, 1802~1860), 로바체프스키, 리만에 의해 이룩된 바 있다.

2차원 리만 공간

2차원 리만 공간에 대하여 고찰하자. 3차원 유클리드 공간 속의 구면은 가장 간단한 2차원 리만 공간의 예이다. 물론 구면만을 생각하고 그 내부에는 들어가지 않는다. 또 말안장 같은 면, 이것도 2차원 리만 공간이다.

지금 구면과 안장 같은 면의 성질을 평면, 즉 2차원 유클리드 공간과 비교하여 알아보자.

먼저 구면은 닫혀 있어서 유한하지만 평면이나 안장 같은 면은 열려 있어서 무한히 확대되어 있다. 이 위에 원을 그려 보자. 원둘레(원주)와 지름과의 비의 값은 평면 위에서는 물론 원주율 3.14……와 같지만 구면 위에서는 원주율보다도 작고, 안

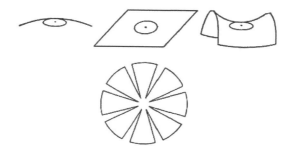

〈그림 150〉 2차원 리만 공간

장과 같은 면 위에서는 원주율보다도 크다. 이것은 중심으로부
터 방사 모양으로 가위로 잘라 평면으로 펼쳐 보면 구면인 경
우는 단편(斷片) 사이에 간극이 생기는데, 안장과 같은 면인 경
우는 단편 끝이 겹쳐지는 것으로도 알 수 있을 것이다. 마찬가
지로 원의 넓이도 평면 위에서는 원주율 곱하기 반지름의 제곱
과 같지만 구면 위에서는 이것보다 작고, 안장과 같은 면 위에
서는 이것보다 크다.

　또한 구면에 대해 설명한 성질은 보다 일반적으로 럭비공과
같은 타원면에도 해당한다는 것은 명백하다. 또 말안장과 같은
면은 일엽쌍곡면(一葉雙曲面)이라고 불리고 있다.

　여기서 다룬 것과 같이 2차원 리만 공간은 3차원 유클리드
공간 내의 공간이라고 볼 수 있다. 이것을 2차원 리만 공간은
3차원 유클리드 공간에 매입된다고 말한다. 일반적으로 n차원
리만 공간은 n(n+1)/2차원 유클리드 공간에 매입할 수 있다.

　2차원의 경우와 마찬가지로 3차원 이상의 리만 공간도 닫혀
져 있고 유한한 구형보다 일반적으로 타원형과 열려 있고 무한

히 확대되어 있는 쌍곡형으로 분류할 수 있다.

여기서 타원형 리만 공간은 유한하기는 하나 경계가 없다는 것에 주의하여야 한다. 유클리드 공간에서의 유한은 경계가 없이는 성립되지 않는다. 공간이 유한한지 무한한지, 경계가 있는지 없는지는 한편은 공간의 크기, 즉 계량의 문제이고 다른 한편은 공간의 형태, 즉 위상(位相)의 문제인 것이다.

곡률

공간이 휘어진 정도를 양적으로 나타내는 것이 곡률이다.

먼저 평면 위의 곡선에 대해 생각해 보자. 곡선 위의 한 점에 있어서 그 점을 포함하는 극히 짧은 부분을 취하면 그것은 원호라고 볼 수 있고, 이 원의 반지름을 그 점에 있어서 곡선의 곡률반지름, 역수를 곡률이라 한다. 즉 곡선이 완만하게 휘면 거기에서의 곡률반지름은 크고 곡률은 작고, 급격히 휘면 곡률반지름은 작고 곡률은 크다. 특히 원은 곡률반지름이 어디서나 그 반지름과 같고 곡률이 일정한 곡선이다.

곡면에 대해서는 그 위의 각 점에서 곡면에 접하는 접평면(接平面), 또 이것에 세운 수직선(법선)을 생각하여 이 수직선을 포함하는 평면으로 곡면을 자르면, 절단면에서 하나의 곡선이 얻어질 것이다. 절단하는 평면을 수선을 축으로 하여 회전시켜 가면 여러 가지 곡면이 얻어지고, 이들 곡선의 곡률반지름도 여러 가지 값을 취할 것이다. 그 최대, 최솟값을 각각 R_1, R_2로 하고 $1/R_1R_2$를 곡면의 그 점에 있어서의 곡률(전곡률, 가우스 곡률)이라고 부른다.

또한 곡률반지름의 최댓값, 최솟값을 주는 절단평면은 서로

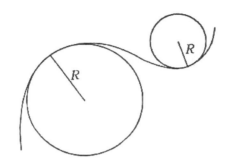

〈그림 151〉 평면곡선의 곡률

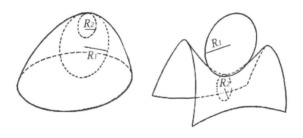

〈그림 152〉 곡면의 곡률

직교한다는 것을 알 수 있다.

　구면은 정곡률(定曲率)이고 그 값은 반지름의 제곱 역수와 같다. 평면은 곡률이 0이라는 것은 말할 것도 없다. 원기둥면, 원뿔면도 곡률이 0이다. 왜냐하면 곡률반지름의 최댓값을 주는 쪽의 곡선은 직선이 되고 그 곡률반지름은 무한대이기 때문이다. 즉 평면을 휘어 만들 수 있는 곡면은 곡률을 갖지 않는다.

　또 일엽쌍곡면 안장과 같이 절단면 두 곡선의 오목함과 볼록함이 반대가 되고 있는 경우에는 한쪽 곡률은 마이너스가 되

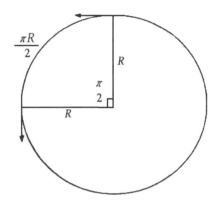

〈그림 153〉 원의 곡률

며, 따라서 곡면의 곡률도 마이너스로 주어진다. 즉 타원형, 쌍곡형의 리만 공간은 각각 곡률이 플러스, 마이너스의 리만 공간에 해당한다.

구면—정곡률 리만 공간

곡선이나 곡면의 곡률을 다른 방법으로도 구할 수 있다.

곡선 위의 한 점에서의 접(接)벡터와 거기서부터 적은 거리 $\varDelta_s$만큼 떨어진 점에서의 접벡터가 이루는 각을 $\varDelta\theta$라고 하면 $\varDelta\theta/\varDelta_s$ 그 점에서의 곡선 곡률로 주어진다.

원을 예로 들면 이것은 곡률이 일정하므로 적은 거리를 취할 필요는 없고 계산에 편리한 수치를 사용하여 이를테면 1/4원주, 즉 $\pi R/2$ 떨어진 두 점에서의 접벡터는 서로 90°=$\pi/2$의 각을 이룬다. 따라서 구하는 곡률은 $(\pi/2)/(\pi R/2)=1/R$이 되어 올바른 값이 얻어진다.

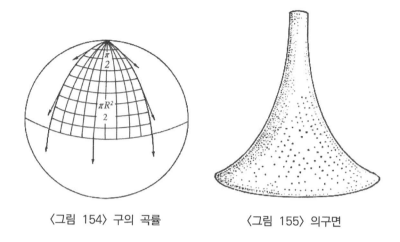

〈그림 154〉 구의 곡률   〈그림 155〉 의구면

　마찬가지로, 곡면 위의 한 점 주위에 작은 넓이 ΔS를 둘러싸는 폐곡선을 취하여 이것에 따라 하나의 벡터를 평행으로 이동시켰을 때 한 바퀴 돈 후에 원래 방향과 각 $\Delta\theta$만큼 움직였다고 하면 $\Delta\theta/\Delta S$가 그 점에서의 곡면 곡률을 준다.

　구면을 예로 들면, 이것은 곡률이 일정하므로 적은 넓이를 취할 필요는 없다. 북극에서 한 개의 자오선에 접하는 벡터를 이 자오선에 따라 자오선까지, 계속 적도에 따라 경도를 90°, 다시 거기서의 자오선에 따라 원래의 북극까지 평행으로 이동시키면 이 벡터 방향은 분명히 90°=π/2만큼 움직이고 있다. 그리고 이 벡터가 한 바퀴 돈 넓이는 전 구면의 1/8, 즉 $\pi R^2/2$이다. 따라서 구하는 곡률은 $(\pi/2)/(\pi R^2/2)=1/R^2$이 되어 분명히 올바른 값이 얻어진다.

　마찬가지로 3차원 이상의 공간에서도 마찬가지로 곡률을 정의할 수 있다. 이러한 곡률을 갖는 공간이 리만 공간, 그 기하학이 리만 기하학이다.

일반적으로 리만 공간의 곡률은 장소에 따라 그 값이 변한다. 특수한 경우로서 곡률이 어디서나 같은 값을 가질 때, 그 리만 공간을 정곡률(定曲率)이라고 말한다. 이를테면, 구면은 플러스의 정곡률 리만 공간이며, 의구면(擬球面, 나팔과 같은 구면)은 마이너스의 정곡률 리만 공간이다. 그리고 플러스, 마이너스의 정곡를 리만 공간의 기하학이 각각 리만, 로바체프스키의 비유클리드 기하학이다.

측지선

그렇다면 리만의 비유클리드 공간에서는 과연 평행선은 하나도 그을 수 없는가?

공리(公理)에서 말하는 직선이란 무엇일까? 그것은 유클리드 공간에 있어서 두 점 사이를 최단거리로 잇는 곡선이다. 그럼 구면 위의 두 점을 최단거리로 잇는 곡선은 무엇일까? 그것은 이들 두 점과 구면의 중심을 통과하는 평면에 의한 구면의 절단면, 즉 대원(大圓)이다. 배나 비행기가 지구상을 대원에 따라 항행한다는 것은 잘 알려져 있다.

일반적으로 공간 내의 두 점을 가장 짧은 거리로 잇는 곡선을 그 공간의 측지선(測地線)이라 부른다. 이것은 다름 아닌 유클리드 공간에 있어서 직선의 일반화이다. 이를테면 구면의 측지선은 대원이다. 빛은 항상 그 공간의 측지선에 따라 진행한다.

지금, 지구 적도상의 두 점을 지나 모두 적도에 수직한 두 개의 측지선을 그어보자. 이것들은 경도가 다른 두 경선(자오선)이며 북극과 남극에서 교차하고 서로 평행이 아니다. 또한 위

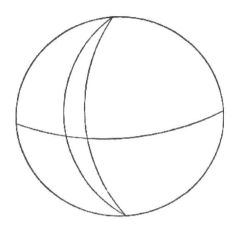

〈그림 156〉 구면의 측지선

도선은 모두 서로 평행인데, 이들은 적도를 제외하고는 대원이 아니다. 확실히 공리가 요청하는 것 같이 리만의 비유클리드 공간에서는 서로 평행한 측지선은 존재하지 않는다.

비관성계와 리만 공간

유클리드 공간은 결코 유일하게 가능한 공간이 아닌, 여러 가지 공간이 동등하게 가능한 공간이다. 따라서 유클리드 공간에 결부된 관성계 쪽이 리만 공간에 결부된 비관성계와 비해 결코 우월성을 갖는 것은 아니다.

그렇다고 하더라도 엘리베이터나 회전무대의 예와 같이 중력이나 원심력, 그것에 수반되는 공간의 휘어짐을 관성계의 유클리드 공간에서의 가속도 운동에 귀착시킬 수 있다면 일부러 비관성계를 취하여 리만 공간을 생각할 필요는 없을 것이다.

만유인력장처럼 좁은 영역으로 한정시키면, 장은 균일하다고

156

보아도 되므로 엘리베이터의 예와 같이 이것을 관성계에 대한
가속도운동으로 귀착시킬 수 있겠지만, 실제로는 장소에 따라
장의 세기도 방향도 변화하므로 이것을 우주 전체로서 하나의
가속도 운동으로 귀착시키는 것은 불가능하다. 만유인력이 작
용하는 공간은 본질적으로 리만 공간이다.

일반상대성 이론의 가설

그런데 일반상대성 이론은 부정계량의 4차원 리만 공간을 토
대로 하는 이론이다.

일반적으로 공간은 거기에 있어서 두 점 사이의 거리가 어떻
게 주어지고, 또 그것이 어떠한 변환에 의하여 불변인지에 따
라 특징지어진다. 뉴턴역학의 배경을 이루는 3차원 유클리드
공간에서의 거리는 『물리학의 재발견(상)』 6장의 〈수식 6-10〉
$s^2=(x_2-x_1)^2+(y_2-y_1)^2+(z_2-z_1)^2$로 주어지고, 그것은 평행 이동,
회전, 경영(鏡映), 반전, 갈릴레이 변환에 관해서 불변이었다. 즉
이들에 의해 변환된 어떤 좌표계에 관해서도 거리는 같은 형태
로 표시되고, 값 또한 동일하다. 그리고 특수상대성 이론에 있
어서 민코프스키 공간의 거리는 14장의 〈수식 14-5′〉
$s^2=c^2(t_2-t_1)^2-(x_2-x_1)^2+(y_2-y_1)^2+(z_2-z_1)^2$로 주어지고, 그것은 평
행이동, 회전, 경영, 반전, 시간의 평행이동, 시간반전, 로렌츠
변환(시간의 회전)에 관해서 불변이었다.

일반상대성 이론의 4차원 리만 공간에서의 거리(계량)는 극히
가까운 두 점의 좌표를 각각 (t, x, y, z), $(t+dt, x+dx, y+dy,
z+dz)$라고 하면,

$$ds_2 = g_{\mu\nu}dx^\mu dx^\nu$$

$$= g_{00}c^2dt^2 + g_{01}c\,dt\,dx + g_{02}c\,dt\,dy + g_{03}c\,dt\,dz$$

$$+ g_{10}dx\,c\,dt + g_{11}dx^2 + g_{12}dx\,dy + g_{13}dx\,dz$$

$$+ g_{20}dy\,c\,dt + g_{21}dy\,dx + g_{22}dy^2 + g_{23}dy\,dz$$

$$+ g_{30}dz\,c\,dt + g_{31}dz\,dx + g_{32}dz\,dy + g_{33}dz^2 \qquad \cdots\cdots \quad \langle수식\ 15\text{-}1\rangle$$

로 주어진다. 여기에 16개의 $g_{\mu\nu}$는 계량 텐서(計量, Tensor)라고 불리고, 일반적으로 (t, x, y, z)의 함수로서 $g_{\mu\nu}=g_{\nu\mu}$라는 대칭성을 가지므로 독립된 것은 10개이다. 〈수식 15-1〉은 〈수식 6-10〉, 〈수식 14-5′〉과는 달라서 좌표차의 제곱 계수가 ±1 등의 상수가 아니라 t, x, y, z의 함수이고, 또 dtdx, dxdy 등이 교차한 항이 나타난다.

또 〈수식 15-1〉은 중력장을 소거한 극한으로 $ds^2=c^2dt^2-dx^2-dy^2-dz^2$가 되고 이것은 극히 가까운 두 점간에 대한 바로 〈수식 14-5′〉이 된다.

리만 공간에 있어서 거리가 〈수식 15-1〉과 같이 극히 가까운 두 점간에 대해 주어진 것은 $g_{\mu\nu}$가 (t, x, y, z)의 함수이어서 각각의 점에서 다른 값을 갖기 때문이다. 또한, 이들 짧은 거리를 겹치면 긴 거리가 주어진다.

또 거리 〈수식 15-1〉은 새로운 좌표 (t′, x′, y′, z′)가 원래의 좌표 (t, x, y, z)의 임의의 함수인 일반변환에 의해 불변이 되어 있다. 앞서 설명한 여러 가지 변환보다도 일반변환이 훨씬 넓은 변환이라는 것은 말할 것도 없다.

일반 대성 이론은 다음 요청을 만족시키는 이론체계이다.

「물리학에 있어서 원리, 법칙은 어떤 좌표에 관해서도 마찬가지로 성립한다」

그리고 이 요청은 시공이 부정계량의 4차원 리만 공간이며, 물리학의 원리, 법칙은 모두 일반변환에 의해 형태가 변환되지 않는다 해도 정식화된다.

만유인력의 기하학화

리만 공간에 있어서 물체의 운동을 고찰해 보자.

유클리드 공간을 자유롭게 운동하는 물체는 직선에 따라 진행하고 리만 공간에서 자유롭게 운동하는 물체는 그 측지선에 따라 진행한다.

리만 공간에 있어서 자유운동은 유클리드 공간에 있어서 만유인력으로 작용되는 운동에 대응한다. 리만 공간에서의 측지선에 따른 운동은 공간이 유클리드적이라고 간주하였을 때, 만유인력이 작용되어 직선에서 벗어나 곡선을 그리는 운동처럼 보이는 것이다.

즉 리만 공간은 유클리드 공간 플러스 만유인력장이며, 시간도 포함시키면 민코프스키 공간 플러스 만유인력장이 되어 있다는 것을 알 수 있다. 리만 공간은 다름 아닌 만유인력장(중력장)인 것이다.

앞서 『물리학의 재발견(상)』 3장, 5장, 6장에서 설명한 것처럼 힘은 운동의 원인이지만, 직접 관측되는 것이 아니고 운동을 설명하기 위해 도입된 개념이었다. 그리고 그 원격작용은 극히 비물리학적인 개념이다. 일반상대성 이론은 만유 인력장을 공간의 휘어짐에 귀착시키고 힘을 기하학화하여 역학을 장

이론으로서 정식화하는 데에 성공하였다.

이렇게 하여 휜 공간은 그 자신 물리학적인 내용을 가지며, 물질과는 독립된 실체이다. 차라리 공간의 휘어진 중심을 물질이라고 부르는 것이 좋을지 모른다.

평탄한 공간은 실체성을 가지지 않고 공허한 공간을 예상시키는데, 휜 공간은 탄성체로서의 공간을 예상하게 한다.

리만 공간에 있어서의 운동 방정식

앞서의 논의로부터 분명한 것처럼 일반상대성 이론에 있어서 자유입자의 운동 방정식은 다름 아닌 시간적인 측지선 방정식이다. 이 방정식은 특수상대성 이론에 있어서의 뉴턴의 운동 방정식과 비해 공간의 휘어짐에서 오는 부가항을 포함하고 있고, 이것은 마침 만유인력에 해당한다.

리만 공간에서 다시 전자기적인 힘 등이 작용할 때에는 운동 방정식은 측지선식에 그것들의 힘을 부가한 것이 된다. 그리고 궤도는 측지선에서 벗어난다.

물론, 이러한 리만 공간에 있어서의 뉴턴의 운동 방정식은 일반변환에 의해 그 형태를 바꾸지 않고, 맥스웰의 전자기장 방정식도 일반변환에 의해 형태를 바꾸지 않도록 리만 공간에 있어서의 식으로서 일반화된다.

여기서 공간을 부분적, 국소적이 아니고 전체적, 대역적(大域的)으로 파악하였을 때의 문제점을 설명해 두겠다.

한 점에서 나온 서로 이웃된 측지선이 다른 점에서 다시 교차될 때 이것들은 공액점(共軛点)이라고 불리는데, 공액점을 지난 뒤의 측지선은 원래의 점으로부터의 거리의 극치(極値)를 주

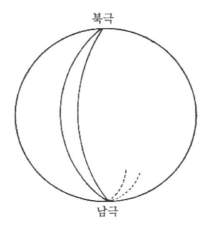

북극

남극

〈그림 157〉 측지선과 공액점

는 곡선이 아니다. 이를테면, 앞서 설명한 구면의 경우에는 북극의 공액점은 남극이지만, 북극에서 나온 측지선이 남극을 지난 뒤에는 뒤쪽을 돌아오는 곡선 쪽이 북극과 보다 짧은 거리로 이어질 것이다. 또 측지선은 어디까지나 연장할 수 있는 것은 아니어서 공간에 특이점이 있으면 거기서 끊어지는 일도 있다. 이러한 공간은 측지적으로 불완비(不完備)하다고 한다.

이러한 문제는 인과율과 깊은 관련이 있다.

아인슈타인의 중력장 방정식

리만 공간의 계량 텐서 $g_{\mu\nu}$가 주어지면 곡률, 측지선 등 그 공간을 특징짓는 양 모두 이것들로부터 구할 수 있다. 그러면, 계량 텐서는 어떻게 하여 결정될까?

계량 텐서 $g_{\mu\nu}$를 물질의 에너지-운동량의 분포로부터 결정하는 것이 아인슈타인에 의한 중력장 방정식이다. 개념을 파악하

$$R_{\mu\nu} - \frac{1}{2} g_{\mu\nu} \ R = \kappa \ T_{\mu\nu}$$

〈그림 158〉 아인슈타인의 중력장 방정식

기 위해 〈그림 158〉에 이 방정식을 보였다.

중력장이 약해서 시간적으로 변화하지 않는, 즉 정적인 경우에는 운동 방정식에 의하면, $\sqrt{g_{00}}$의 1로부터 벗어남이 만유인력의 퍼텐셜을 준다는 것이 밝혀진다. 그리고 질량 M을 가진 별에 의한 중력장에 대해 아인슈타인 방정식을 풀면 g_{00}=$(1-2GM/c^2r)$로 구해지고(G는 만유인력 상수, c는 광속도), $2GM/c^2r \ll 1$이므로 $\sqrt{g_{00}}$=$1-GM/c^2r$가 되며, 뉴턴의 만유인력 퍼텐셜 $-GM/r$이 유도된다.

일반적으로 계량 텐서를 $g_{\mu\nu}=\dot{g}_{\mu\nu}+h_{\mu\nu}$, $\dot{g}_{00}$=1, $\dot{g}_{11}$=$\dot{g}_{22}$=$\dot{g}_{33}$=-1, $\dot{g}_{01}$=……=$\dot{g}_{12}$=……=0로 나눠서 생각하면 부분이 시공을 부여하고 거기에서 벗어난 $h_{\mu\nu}$ 부분이 중력장을 부여한다고 생각하면 된다.

다시 말하자면, 계량 텐서 $g_{\mu\nu}$인 장소나 시각에 의한 변화가 중력을 부여하고 그 또한 장소나 시각에 의한 변화—이것이 다름 아닌 곡률인데—가 중력 장소나 시각에 의한 변화, 즉 조석력(潮汐力)을 부여하는 것이다.

이를테면 태양 표면에서의 중력 가속도는 g⊙=27,400㎝/s²인데 지구 표면에 있어서의 g♀=980㎝/s²의 약 28배이다. 그러나 조석력(『물리학의 재발견(상)』 5장 참조)은 태양의 평균밀도가 지구보다 작기 때문에 자구 표면 쪽이 태양 표면에서보다 크다. 따라서 지구 표면 쪽이 태양 표면에서보다도 시공은 크게 휘어지게 된다. 물론 곡률반지름은 지구 표면에서는 대략 지구-태

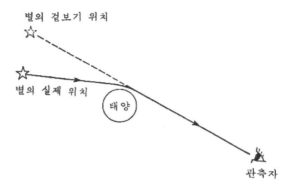

별의 겉보기 위치

별의 실제 위치

태양

관측자

〈그림 159〉 빛의 중력장에 의한 굴곡

양간의 거리와 같고 태양 표면에서는 대략 그 두 배여서 시공의 휘어짐은 극히 적다.

빛의 중력장에 의한 굴곡

일반상대성 이론은 어떤 관측에 의해 검증될까? 그것은 빛의 중력장에 있어서 굴곡, 스펙트럼선의 중력에 의한 어긋남, 수성(水星)의 근일점(近日点)의 이동의 세 가지이다.

리만 공간의 특징은 중력장이 강한 곳일수록 뚜렷이 나타날 것이다. 태양 쪽을 지나는 빛은 공간의 측지선에 따라 직선경로로부터 진동하여 태양으로 향해서 굴골될 것이다. 잘 알다시피, 우리 눈은 받은 빛의 최종 방향선상에 광원이 존재하는 것 같이 느낀다. 따라서 태양 주위에 보이는 별은 태양이 없을 때 보이는 위치보다도 태양으로부터 멀게 보일 것이 틀림없다.

이 예상은 개기일식 때 실시된 관측에 의해 확인되었다. 태양 주위에 별이 보이는 것은 개기일식 때에 한정된다는 것은 말할 것도 없다. 물론 빛의 굴곡각도는 최대 1.75초이다.

또 레이더 전파를 행성 표면에서 반사시켜 태양 쪽을 통과하였을 때, 공간적 거리와 시간적 거리 양쪽의 일그러짐에 의해 그 왕복시간이 얼마만큼 커지는가를 측정하여 경로의 굴곡을 확인하는 실험도 실시되고 있다.

스펙트럼선의 중력에 의한 벗어남

다음에 중력이 작용하는 공간에서는, 빛이 중력 방향으로 진행할 때는 파장이 짧은 쪽으로, 역방향으로 진행할 때는 긴 쪽으로 벗어난다는 것이 예측된다.

물론 앞서 설명한 것 같이 태양 표면의 중력가속도 값은 지구 위치에 있어서의 값보다도 훨씬 크다는 것은 지구 중력 가속도의 지구 표면에 있어서의 값보다도 약 28배나 크다. 그때문에 태양 표면에 있어서 시계의 진행은 지구 표면에서의 시계 진행보다 늦다. 왜냐하면, 앞서 구한 풀이의 중력장 g_{00}=1-2GM⊙/c^2R⊙를 사용하여 지구 표면에서의 중력을 무시하면, 지구 표면의 시계가 시간 dt를 가는 동안에 태양 표면의 시계는 시간 $\sqrt{g_{00}}$=(1-GM⊙/c^2R⊙), (1-GM⊙/c^2R⊙)<1을 가리키기 때문이다.

따라서 시계 진행이 늦는 곳에서는 진행이 빠른 곳과 비교하여 원자도 사출되는 빛도 천천히 진동한다. 그러므로 태양으로부터의 빛의 스펙트럼을 관측하면 지구상의 같은 물질의 스펙트럼과 비해서 진동수가 $\sqrt{g_{00}}$=(1-GM⊙/c^2R⊙)배로, 따라서 1/$\sqrt{g_{00}}$=1/(1-GM⊙/c^2R⊙) 배가 되어 (파장의 어긋남)/(파장)=2×10^{-6}만큼 적색 쪽으로 벗어나 있는 것이다.

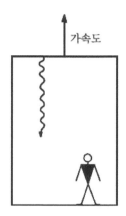

〈그림 160〉 스펙트럼선의 어긋남과 등가원리

이 효과는 백색왜성(白色緩星)으로부터의 빛에 의해 한층 뚜렷하게 나타난다. 백색왜성은 밀도가 대단히 큰 별이므로 반지름은 작고 질량은 크며 그 표면 중력이 아주 강하기 때문이다(『물리학의 재발견(상)』 5장 「우주에서의 조석현상」 및 하권 15장 「검은 구멍」 참조). 지구에서 보이는 제일 밝은 별, 시리우스의 반성인 백성왜성이 대표적이다. 이 별의 스펙트럼의 적색편의는 태양의 경우의 수십 배가 된다. 물론 백색왜성 표면에 있어서 중력 가속도는 태양 표면에서의 값의 1만 배 정도로 추정된다.

또한 γ선 파장이 매우 높은 정밀도로 측정할 수 있게 되어 20m 정도의 높이로부터 사출된 γ선 파장은 지표에서 측정하면, 이론적으로 계산된 값 (파장의 벗어남)/(파장)=5×10^{-15}만큼 짧은 쪽으로 벗어나 있음이 확인되었다.

이러한 스펙트럼선의 벗어남은 등가원리에 의하여 설명할 수도 있다. 가속도를 갖고 운동하고 있는 엘리베이터 천장으로부터 빛을 사출하면, 바닥은 그것이 도착하기까지의 시간동안 빛

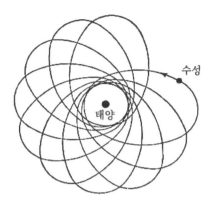

〈그림 161〉 수성의 근일점 이동

으로 향해 운동하고 도플러 효과에 의해 파장은 짧게 관측된다.

수성의 근일점 이동

셋째로 일반상대성 이론으로부터 구해지는 중력장은 거리의 제곱에 반비례하는 인력을 조금 수정하도록 작용하고, 그 때문에 행성은 같은 타원궤도를 회전하지 않고 타원궤도 자체가 행성과 같은 방향으로 조금씩 회전해 가게 되어, 이것이 근일점(近日点)―행성이 태양에 제일 접근하는 점―의 앞서는 이동으로 나타난다. 수성에 대해서는 이 현상은 이전부터 관측되었는데 일반상대성 이론에 의해 완전히 설명되었던 것이다.

수성의 경우에는 100년간에 근일점이 앞서는 각도는 일반상대성 효과로서는 약 43초이다. 또한 근일점 이동의 대부분은 다른 행성으로부터의 인력에 의해 설명된다.

중력파

일반상대성 이론으로 유도되는 결론이긴 하지만, 그것의 타당성이 아직 판정이 나있지 않는 것이 중력파와 검은 구멍 (Black Hole)이다.

중력장은 시공의 휘어짐이어서 탄성체의 일그러짐과 유추적 (類推的)이다. 따라서 일그러짐의 시간적 변화가 탄성파로서 전해 퍼지는 것 같이 중력장의 시간적 변화는 파동으로 되어 전달할 것이다. 이것이 중력파이다.

맥스웰의 전자기장 방정식에 의하면 전기를 띤 물체가 가속도 운동을 하면 거기서부터 전자기파가 사출된다. 마찬가지로 아인슈타인의 중력장 방정식에 의하면 질량을 가진 물체가 가속도 운동을 하면 거기서부터 중력파가 사출될 것으로 예상된다. 그리고 중력파는 광속도와 같은 속도로 공간을 전파할 것이라고도 예상된다. 따라서 이중성이나 초신성 따위로부터 중력파가 사출되고 있지 않는가 생각된다.

물체가 중력파를 받으면 그 각 부분에 크기가 다른 중력이 작용하게 되고, 그 때문에 물체에 일그러짐이 생길 것이다. 이것을 측정함으로써 중력파를 검출할 수 있다.

뿐만 아니라, 앞에서 설명한 것과 같이 중력파는 전자기파와는 달라 비선형(非線型)의 파동이며 겹침 원리는 만족시키지 않는다(10장 참조).

검은 구멍

또 아인슈타인의 중력장 방정식에 의하면 정지하고 있는 구대칭(점대칭)한 물체를 원천으로 하는 중력장은 역시 정적이며 구대칭이어서, 이것은 슈바르츠실트(Karl Schwarzschild, 1873~1916)의 풀이로서 알려져 있다. 그런데 이 풀이의 계량 텐서의 몇 가지는, 이를테면, $g_{00}=1-2GM/c^2r$이나 $g_{11}=1/(1-2GM/c^2r)$과 같이 $r=2GM/c^2$[M은 별의 질량, G는 만유인력 상수(〈수식 5-2〉), c는 광속도(〈수식 11-1〉)]로서 0 또는 무한대가 되어 특이성을 나타낸다. 이 $2GM/c^2$는 슈바르츠실트의 반지름이라 불린다.

이를테면, 태양질량은 $M_\odot=2\times10^{33}$g이므로 그 슈바르츠실트 반지름은 약 3㎞이며, 태양 반지름 $R_\odot=7\times10^5$㎞에 비해 매우 작고 태양 속으로 들어가 버린다. 슈바르츠실트의 풀이는 중력장의 원천을 이루는 물질 속에서는 성립하지 않고 주위의 진공인 곳에서만 성립되는 것이므로 슈바르츠실트의 반지름이 되는 근처에서는 이 풀이는 적용되지 않는다. 그러나 만일에 아주 고밀도를 가진 천체가 있어서 그 반지름이 슈바르츠실트의 반지름보다도 작아지는 일이 생긴다면, 슈바르츠실트의 반지름이 바깥쪽에 나타나므로 슈바르츠실트의 풀이를 적용할 수 있다.

이러한 고밀도를 가진 천체는 중력 붕괴에 의해 형성될 가능성이 있다. 항성은 핵반응에 의해서 발생하는 에너지에 의하여 자기 자신의 무게를 지탱하고 있는데, 반응이 종말에 가까워짐과 더불어 중력에 의한 별의 수축이 급속하게 일어난다. 이것이 중력붕괴(重力崩壞)이다.

만일 이 별이 태양과 같은 정도이거나 그 이하의 질량을 가진다면 작게 압축되어 고온을 가진 백색왜성이 될 것이고, 만일 태양보다도 큰 질량을 가진 별이라면 중력붕괴와 더불어 대폭발을 일으켜 초신성(超新星)이 되어 빛날 것이다. 그리고 물질을 공간으로 분출함과 더불어 심은 백색왜성보다도 작아져 전

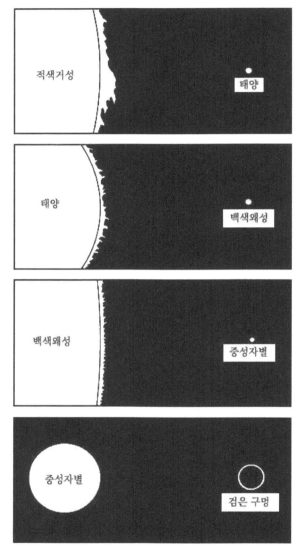

〈그림 162〉 백색왜성, 중성자별, 검은 구멍

자는 원자핵 속에 떨어져 들어가 중성자별이 될 것이다. 또한 그 반지름이 슈바르츠실트의 반지름보다도 작아지는 일이 일어날지 모른다. 이것이 검은 구멍이다.

이를테면, 백색왜성은 질량이 태양과 같은 정도라도 그 반지름은 약 100분의 1(지구 반지름과 같은 정도), 중성자별은 그 약 700분의 1로서 10㎞정도, 검은 구멍은 다시 그 23분의 1 정도이다.

사상의 지평선

계산에 의하면 물체가 검은 구멍으로 향해 떨어지면, 먼 곳의 관측자에게는 그것이 슈바르츠실트 반지름에 도달하는데 무한에 가까운 시간이 걸리는 것 같이 보이고, 또 그 물체로부터 나오는 빛은 파장이 $1/\sqrt{g_{00}} = 1/\sqrt{1-2GM/c^2r}$ 배로 적색편이 되어 이것도 무한히 커져 가서 물리현상은 모두 강한 중력의 영향을 받아 완만해져 간다. 그러나 낙하해 가는 물체에 고정된 시계에서는 물체는 유한한 시간에 슈바르츠실트의 반지름에 도달하고, 그 뒤에도 r보다 작은 곳으로 향해서 진행할 것이다.

그렇지만 일단 슈바르츠실트 반지름을 넘어 속으로 들어간 물체는 다시 밖으로 나올 수 없고 빛조차도 밖으로 나올 수 없다. 이것이 검은 구멍이라고 불리는 연유이다. 즉 슈바르츠실트 반지름을 가진 구면은 안으로 향해서는 통과할 수 있지만 밖을 향해서는 통과할 수 없는 일방통행인 반투명막이라 해도 될 것이다. 또한 이것은 사상(事象)의 지평선(地平線)이라고도 불린다.

과연 검은 구멍은 존재하는가? 만일 일반상대성 이론이 슈바르츠실트 반지름에서 다시 그것보다도 거리가 작은 곳에서도 그대로 성립한다면 검은 구멍은 존재할 것이다. 그러나 그러한 중력이 매우 강한 곳에서는 일반상대성 이론도 수정되어 어떤 반발력이 작용하는지도 모른다. 또 양자론적인 효과도 고려하지 않으면 안 될 것이다. 검은 구멍이 에너지를 잃고 꺼져가는 기구가 발견되어야만 비로소 그 형성도 받아들여지지 않을까?

검은 구멍이 존재한다면 주위에 있는 물체는 그것으로 향하여 빨려 들어간 에너지는 X선으로 되어 사출될 것이다. 그리고 만일 검은 구멍이 이중성을 형성하고 있다면 반성운동으로부터 그 질량이 구해질 것이다. X선 별, 백조자리 X-1은 검은 구멍일 가능성이 시사되고 있다.

통일장 이론

일반상대성 이론은 통일장 이론이나 우주론으로도 전개된다.

통일장 이론은 중력장과 더불어 전자기장조차도 기하학화하여 모든 장을 공간구조로 귀착시키려는 시도이다.

그 대표적인 것은 5차원 리만 공간에 바탕을 두는 이론이며 4차원 때보다도 여분으로 나타나는 계량텐서 g_{04}, g_{14}, g_{24}, g_{34} 를 전자기장에 부합시키는 것이다.

전자기장은 광속도의 불변성을 통하여 시간의 공간화를 초래하였다. 전자기장도 시공의 구조와 깊은 관련을 가짐에 틀림없는데 그 관련 방식은 중력장의 그것과는 상당히 다른 것으로 생각된다.

중력장, 전자기장 외에도 많은 장이 발견되었고, 그리고 장의 양자론이 정식화됨과 더불어 모든 장을 시공 구조에 귀착시키려고 하는 시도는 새로운 형태를 취하면서 다시 물리학의 큰 흐름이 되려 하고 있다. 이것이 18장의 주제이다.

우주는 팽창하고 있다

일반상대성 이론에 바탕을 두고 우주의 기하학적인 구조를 결정하려고 하는 것이 우주론이다. 우주론은 원자핵 물리학에 의한 항성 구조와 진화에 관한 의론과 더불어 우주의 물리학적인 모습을 밝히려고 하고 있다.

우주라는 말은 그리스어의 코스모스(Cosmos)를 번역한 말로 사용되고 있다. 코스모스는 원래 질서를 의미하는데, 중국의 한(漢) 시대인 B.C. 2세기에 편찬된 『회남자(淮南子)』에는 「우(宇)는 사방 상하이며, 주(宙)는 왕고래금(往古來今)이니라」고 우주를 시공적으로 정의하고 있는 것이다.

1929년 허블(Edwin Powell Hubble, 1889~1953)은 갤럭시(Galaxy, 섬우주, 나선상 성운)의 스펙트럼이 적색편이를 나타내고 그 값이 은하계로부터의 거리에 비례한다는 것을 발견하였다. 이 적색편이를 도플러 효과라고 해석하면 그 값 〔파장의 벗어남〕/〔파장〕은 광원과 관측자와의 상대속도에 비례해야 하므로($\Delta\lambda/\lambda = v/c$, 〈수식 11-3〉 참조, 또 특수상대성 이론에 의한 정확한 식 $\nu' = \sqrt{(1-v/c)/(1+v/c)}$ ν도 광원과 관측자와의 상대속도 ν가 광속도에 비해 작을 때는 〈수식 11-3〉으로 근삿값이 구해진다) 각 갤럭시는 은하계로부터의 거리 r에 비례한 속도 v로서 멀어져 가고 있다는 것이 된다. 즉,

$$v = H_0 r,$$

$$H_0 \approx 100 \text{km/s·Mpc} \quad \cdots\cdots\cdots\cdots \quad \text{〈수식 15-2〉}$$

여기서 H_0는 허블 상수라고 불린다. Mpc(밀리온 파세크)는 pc의 100만 배로서 약 3×10^{19}km이다(『물리학의 재발견(상)』 6장 「지구공전의 증명」 참조).

이것은 우주가 어느 시간 전에 비교적 작은 부피로부터 팽창을 시작했다는 것을 시사하는 것으로 생각된다. 즉 거의 같은 곳에 있던 각 갤럭시가 동시에 운동을 시작하여 각각 등속도 운동을 하였다고 하면, 각 갤럭시의 운동거리는 속도의 크기에 비례할 것이다. 따라서 갤럭시가 운동을 시작하고 나서 현재까지의 시간은

$$T_0 = \frac{r}{v} = \frac{1}{H_0} \approx 1 \times 10^{10}\text{년} \quad \cdots\cdots\cdots\cdots \quad \langle \text{수식 15-3} \rangle$$

이 된다. 이 약 100억 년이 우주 나이라고 생각된다. 실제로 방사능으로부터 추정되는 지구 나이는 약 45억 년이다.

강조하고 싶은 것은, 앞서 의론은 결코 은하계가 우주의 중심이라는 것을 의미하지 않는다는 것이다. 이를테면, 풍선에 많은 표를 그리고 그것을 더 부풀게 하면 표 사이의 거리는 모두 증대하므로 어느 표지에서부터 봐도 다른 표가 자기에게서 멀어지는 것 같이 보인다. 또한 포도빵이 부푸는 것을 상상해도 될 것이다.

그런데 갤럭시까지의 거리는 어떻게 잴 수 있는가? 그 갤럭시가 성분별로 분해될 때는 변광성(変光星)을 이용하여 거리를 구할 수 있다. 그것은 변광성의 종류에 따라서 각 주기와 광도와의 관계를 알고 있으므로 주기를 재면 광도가 결정되고, 겉보기의 밝기는 거리의 제곱에 반비례하는 것으로부터 거리가 구해진다. 실제로 안드로메다 성운 M 31까지의 거리는 190만

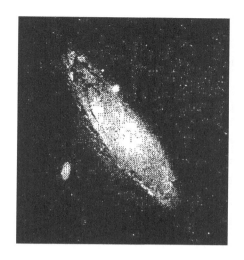

〈그림 163〉 안드로메다 성운(M 31)

광년, 은하계의 지름은 10만 광년이다.

우주론

우주가 기하학적으로도 물질의 분포에 대해서도 공간적으로 균질하고 등방적(等方的)이라고 가정하자. 이것을 우주론적 원리라고 한다. 이러한 가정 아래 아인슈타인의 중력장 방정식을 풀면 우주의 리만 공간은 구면과 같은 타원형으로 된 곡률이 플러스인 3차원 공간 플러스 시간이거나, 안장면과 같은 쌍곡형(雙曲形)으로 된 곡률이 마이너스인 3차원 공간 플러스 시간 둘 중 어느 한쪽이다. 또한 3차원 공간의 곡률은 시간적으로 변화하여 곡률이 플러스인 경우에는 그 곡률반지름은 0으로부터 증대와 감소를 진동적으로 되풀이하고, 곡률이 마이너스인 경우에는 그 곡률반지름은 0으로부터 일방적으로 증대해 간다는 것을 알 수 있다. 이러한 풀이는 1922년에 프리드먼(Aleksandrrovich Friedman, 1888~1925)에 의해 발견되었다.

물론, 3차원 공간의 곡률이 시간적으로 변화하지 않는 풀이도 존재한다. 그것이 플러스인 것은 아인슈타인의 우주(1917)라고 불리며, 마이너스인 것은 드 지터(Willem de Sitter, 1872~1934)의 우주(정확하게는 데 시테르)라고 불린다. 드 지터와 우주는 시간이 휘어져 있고, 물질의 밀도는 0이다.

갤럭시 간의 거리는 증대하고 있으므로 프리드먼의 풀이 쪽이 적당할 것이다. 공간의 곡률반지름이 증대하면 그에 수반한 모든 두 물체간의 공간적 거리도 증대하기 때문이다. 이를테면, 타원형에서는 풍선의 예와 같이 반지름이 시간과 더불어 커지면 그 위에 그려진 표 사이의 거리도 커진다.

그리고 우주가 타원형이라면, 현재는 팽창하고 있더라도 이윽고 수축으로 전환되어 팽창과 수축을 진동적으로 되풀이 할 것이며, 쌍곡형이라면 일방적으로 팽창을 계속할 것이다.

일방적으로 팽창을 계속하는가? 팽창과 수축의 진동은 물질밀도에 의해 결정된다. 왜냐하면 물질밀도가 크면, 그것에 의해 생기는 중력은 갤럭시를 끌어당기는데 충분할 만큼 강하겠지만, 밀도가 작으면 그렇게는 강하지 않을 것이기 때문이다. 이 경계가 되는 밀도를 임계밀도(臨界密度)라고 부르자.

또한 이것은 갤럭시의 전에너지, 〔운동 에너지〕+〔퍼텐셜 에너지〕가 플러스인가 마이너스인가에 의해 결정된다. 왜냐하면, 퍼텐셜 에너지 GmM/r은 무한원에서 가장 커져서 0이므로(13장의 〈수식 13-12〉 참조) 전에너지가 플러스이면 운동 에너지는 어디까지 가도 플러스이고 속도는 0이 되지 않는다. 그러나 전에너지가 마이너스이면 운동 에너지는 어디에선가 0이 되어 갤럭시는 거기에서 멀리로는 가지 못하게 된다.

평탄한 공간을 사용하여 계산하면, 전에너지 $E=(1/2)mv^2-GmM/r$ 은 운동 에너지가 〈수식 15-2〉로부터 허블 상수 H_0로 표시되고 $(1/2)mv^2=(1/2)mH_0^2r^2$, 우주질량 M이 밀도 ρ와 반지름 r인 구의 부피와의 곱 $(4/3)\pi r^3\rho$라고 표시되므로 $(1/2)m[H_0^2-(8/3)\pi G\rho]r^2$이 되어 이것이 0과 같다고 놓으면 임계밀도로서 $\rho_c=3H_0^2/8\pi G\approx2\times10^{-29}g/cm^3$이 유도된다.

이렇게 임계밀도 ρ_c는 허블 상수 H_0와 만유인력 상수 G로서 표시되고 $1m^3$에 수소원자가 10개 정도이다.

만일 우주가 일방적으로 팽창을 계속한다면 근원적으로는 시간의 흐름 방향은 이것에 의해 결정되는 것인지도 모른다.

또 공간이 타원형이며 정곡률인지 쌍곡형으로 부곡률인지에 대한 직접적인 판정은 다음과 같이 하면 될 것이다.

앞서 면에 대해 설명한 것과 마찬가지로 구의 부피는 3차원 유클리드 공간에서는 $(4/3)\times$(원주율)$\times$(반지름)^{3}으로 주어지지만, 타원형인 리만 공간에서는 이것보다 작고, 쌍곡형에서는 이것보다 크다. 따라서 은하계를 중심으로 한 여러 가지 반지름의 구면을 생각하면 그것들 안에 들어가는 갤럭시수가 반지름의 3제곱보다도 작은 비율로 증가하거나, 큰 비율로 증가하는가에 따라 공간이 타원형인지 쌍곡면인지 결정될 것이다.

또한 우주는 공간적으로 균질할 뿐만 아니라 시간적으로도 균일하다고 가정할 수도 있을 것이다. 이것은 완전 우주론적 원리라고 불린다. 이렇게 가정하면 우주가 팽창하고 밀도가 시간적으로 감소하는 것을 보완하기 위해 공간으로부터 물질이 창생된다고 가정하지 않으면 안 된다. 이러한 우주는 정상우주(定常宇宙)라고 불린다.

이들 가능성 중 과연 어느 것이 우리 우주로서 실재하고 있을까?

물론 더 상세하게 보면 우주는 리만 공간보다도 복잡한 공간일지도 모른다. 그것은 대충 리만 공간으로서 다룰 수 있다는 것이 아닐까? 이런 문제는 다시 18장에서 살펴보도록 하자.

16. 원자와 양자역학
—위치와 운동량은
동시에, 정확하게 측정할 수 없다

장 이론에의 길

현대 물리학은 모두 상대성 이론과 양자론에 기초하고 있는데, 이것들은 모두 역학으로부터 장 이론에의 길을 가리키고 있다.

전자기장 이론을 내부모순이 없는 이론체계로서 정식화해 가다보면 특수상대성 이론에 도달한다. 그때, 광속도의 불변성을 통해서 시간과 공간이 결부된다. 시공에 휘어짐을 도입함으로써 일반상대성 이론은 중력을 장 이론으로 정식화하는 데에 성공하였다. 양자론은 장이 그것에 대립하는 개념으로 형성된 물질조차도 또한 장 이론으로서도 정식화하는 길을 열어준다.

물리량의 불연속성

양자론은 물리량의 불연속성과 깊은 관련이 있다. 종래에는 물리량은 모두 연속적으로 여러 가지 값을 취할 수 있었고, 따라서 무한히 세밀하게 나눌 수 있다고 생각되어 왔다. 그러나 물질이 원자로 구성되어 있는 것처럼 또한 여러 가지 물리량도 그 이상 분할할 수 없는 최소의 단위—양자—를 가지며, 따라서 그 단위의 정수배인 값밖에 취할 수 없다는 가능성도 생각된다. 이를테면, 전기량은 전기소량(電氣素量)—이것은 전자나 양성자가 갖는 전기량인데—의 정수배인 불연속한 값밖에 취할 수 없다는 것이 알려졌다.

이러한 물리량의 불연속성은 물리량의 값이 그 최소단위에 접근할 때 드러나게 된다. 물리량이 그 최소 단위와 비해 큰 값을 가질 때에는 그것이 연속량인가 아닌가의 차이는 그다지 드러나지 않을 것이다.

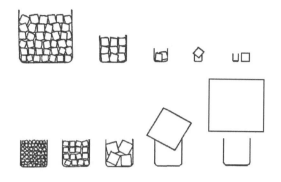

〈그림 164〉 물리량의 불연속성

이를테면 설탕을 그릇에 넣을 때, 그릇이 크다면 각설탕을 넣든 보통 설탕을 넣든 넣는 분량의 차이를 거의 느낄 수 없을 것이다. 그릇이 작아질수록 그 차이는 눈에 띄게 되고, 너무 작은 그릇이라면 각설탕이 단 한 개도 들어가지 않는 경우도 생긴다. 또한 이런 사정은 각설탕 쪽을 키워가더라도 마찬가지이다. 그릇 크기를 바꾸지 않아도 각설탕이 클수록 보통설탕과의 차이가 눈에 띌 것이다. 즉 그릇이 작을수록, 각설탕이 클수록 설탕량의 불연속성이 보다 현저하게 나타나는 것이다.

열복사

고체, 이를테면 쇳덩어리를 가열하며 점차 온도를 올려갔을 때의 상태를 상상해 보자. 처음에는 쇳빛은 변하지 않지만 손을 가까이 대면 따뜻하게 느껴져 적외선이 사출되는 것을 알 수 있다. 그러는 동안에 쇠는 어두운 적색으로부터 점차 선명한 적색으로 빛나고 다시 밝은 황색으로부터 눈부신 백색으로 빛나게 된다. 이렇게 고온을 가진 고체로부터 사출되는 전자기파에는 여러 가지 파장의 것이 포함되지만, 특히 적외선에 의한 열효과가 뚜렷하므로 열복사(熱輻射)라는 이름으로 불리고 있다.

여기에 든 현상으로부터도 알 수 있듯이 고체온도의 상승과 더불어 열복사의 전에너지는 증대하고, 또 파장이 보다 짧은 것, 즉 진동수가 보다 큰 것이 강하게 사출된다.

전자기파가 사출되는 것은 고체를 구성하고 있는 하전입자가 진동운동을 하고 있기 때문이며, 그 진동수는 사출되는 전자기파의 진동수와 같을 것이다(13장 참조). 따라서 하전입자는 온도상승과 더불어 보다 큰 진동수로 진동하게 된다고 생각해야 한다.

그런데 이러한 진동물체의 에너지가 고체의 절대온도에 비례한다는 것은 말할 것도 없다(『물리학의 재발견(상)』 9장 참조). 즉 진동물체의 에너지가 증대하면 보다 큰 진동수를 가진 진동이 나타나게 된다.

그러나 뉴턴역학에서는 진동물체의 에너지는 진동수에는 의존하지 않고 진폭의 제곱에 비례하여 연속적으로 어떤 값이라도 취할 수 있었다(10장의 〈수식 10-4〉 참조).

다음과 같은 가설을 세워보자.

「진동물체의 에너지는 불연속한 양이어서 에너지 양자의 값밖에는 취할 수 없다. 그리고 에너지 양자는 그 진동수와 비례한다」

에너지 양자는 각설탕에 해당하고, 그 크기는 진동수와 비례하며, 진동물체의 에너지는 그릇에 해당하고 그 크기는 절대온도와 비례한다.

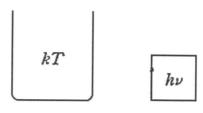

〈그림 165〉 에너지 양자

　이러한 가설을 세우면 온도가 높고 진동수가 작은 곳에서는 에너지의 불연속성은 눈에 띄지 않지만, 온도가 낮고 진동수가 큰 곳일수록 그 불연속성이 현저하게 나타난다. 특히 어떤 진동수를 가진 진동은 어느 온도 이상이 아니면 일어날 수 없게 된다. 여러 가지 진동은 각각 어느 온도 이하에서는 동결된다고 해도 될 것이다.

　이를테면 고체가 어느 온도가 되었을 때 붉게 빛나는 것은 고체를 구성하는 하전입자의 에너지가 이 온도에서 적색광과 같은 진동수를 가진 에너지 양자 값에 도달했기 때문이다. 즉 특정 온도에서 특정 진동수의 진동동결이 녹는 것이다.

양자론
에너지 양자 가설은 다음과 같이 표시된다.

　$E = nh\nu$,　$n = 0, 1, 2, \cdots$,　············　〈수식 16-1〉

　여기서, E는 주기 운동을 하고 있는 체계의 에너지, ν는 그 진동수이다. h는 플랑크(Karl Ernst Ludwig Planck, 1858~1947) 상수, 또는 작용양자(作用量子)라고 불리며,

$$h = 6.6 \times 10^{-27} \text{에르그} \cdot \text{초}$$
$$= 6.6 \times 10^{-34} \text{줄} \cdot \text{초} \quad \cdots\cdots\cdots \quad \langle \text{수식 16-2} \rangle$$

의 값을 갖는다. n는 임의의 정수로서 양자
수라고 불린다.

〈그림 166〉 플랑크   플랑크 상수 h는 작용양자라는 이름과 같
이 작용이라는 물리량을 가진 양자, 즉 최소
단위인데 작용은 에너지와 시간을 곱한 양이며 운동량과 길이
와의 곱이기도 하고 각운동량도 이것과 같은 단위로 측정된다
는 것을 지적해 두겠다.

또 플랑크 상수를 원주율의 2배로 나눈

$$\hbar = \frac{h}{2\pi} \quad \cdots\cdots\cdots\cdots \quad \langle \text{수식 16-2}' \rangle$$

도 자주 쓰인다.

1900년, 플랑크는 열복사 연구에 있어서 에너지 양자라는
아이디어에 도달하였던 것이다. 작용양자에 기초를 두는 이론
은 양자론, 그 이전의 이론은 고전론(古典論)으로 불리고 있다.
그리고 우리 육안에 비치는, 이른바 거시적 세계에서는 고전론
이 성립하고, 원자의 세계, 이른바 미시적 세계에서는 양자론,
즉 플랑크 상수 h가 본질적인 역할을 하는 것이다.

자유도의 동결

다시 한 번 2원자분자기체에 대해 생각해 보자.
앞서 『물리학의 재발견(상)』 9장에서 설명한 것 같이 2원자분
자는 병진운동과 회전운동을 합쳐서 3+2=5라는 자유도(自由度)

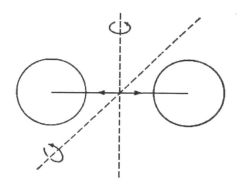

〈그림 167〉 2원자분자의 회전과 진동

를 가지고 있고, 따라서 에너지 등배분의 법칙에 의해서 각 자
유도당 $\frac{1}{2}kT$의 에너지가 배분되어 그 평균 에너지는 (5/2)kT
가 된다. 이것으로부터 2원자 분자기체 1몰의 정적비열(定積比
熱)은 C=(1/J)(5/2) R=4.95cal/도·몰(〈수식 9-13〉)이 되어 수소,
질소, 산소 등의 측정값이 설명될 수 있었다. 그러나 거기에서
도 지적한 것 같이 결합축에 따른 두 개의 원자핵이 하는 진동
운동의 자유도가 왜 비열에 영향을 미치지 않는가가 의문으로
남아있었다.

　에너지 등배분의 법칙에 의하면, 이 진동운동의 자유도에는
kT라는 에너지가 배분될 것이다. 즉 운동 에너지에의 $\frac{1}{2}kT$와
시간평균으로 이것과 같은 위치 에너지에의 $\frac{1}{2}kT$이다. 따라서
2원자 분자의 평균 에너지는 (7/2)kT가 되고 그 정적 몰비열
은 C=(1/J)(7/2) R=6.93cal/도·몰이 될 것으로 예상된다.

　이 의문은 양자론에 의해 해결된다. 즉 원자핵이 하는 진동운동의 진동수 ν, 따라서 그 에너지 양자 $k\nu$는 회전운동이 가진 에너지 양자에 비해 크기 때문에 보통 온도로는 그 자유도에 배분될 에너지 kT보다도 크고, 결국 이 자유도에는 에너지는 배분되지 않게 되어 자유도는 실질적으로는 동결되어 비열에 기여하지 않는다.

실제로 기체인 아이오딘 I_2의 비열은 이론값 6.93과 가까운 값을 가지고 있고, 이것은 아이오딘 원자핵이 무거워서 그 진동수가 비교적 작아지기 때문인 것이다(10장의 〈수식 10-4〉 앞에 기재한 $\omega^2=k/m$을 상기하기 바란다).

또 수소나 산소의 비열도 고온에서는 이론값 6.93, 저온에서는 이론값 $C=(1/J)(3/2)\,R=2.97cal/도\cdot몰$에 가까워진다. 즉 고온에서는 진동의 자유도가 열리고, 저온에서는 진동의 자유도는 물론 회전의 자유도도 닫힌다.

광전 효과

진동체가 가진 에너지가 그 에너지 양자의 정수배인 값에 한정된다면 전자기파는 진동체의 에너지 상태변화에 수반하여 사출 또는 흡수되는 것이므로 전자기파 에너지도 또한 이 에너지 양자와 같아져야 할 것이다.

1905년, 아인슈타인은 진동수 ν를 가진 빛은 에너지

$$E = h\nu \qquad \text{〈수식 16-3〉}$$

를 갖는 입자—광량자, 광자—의 흐름이라는 가설을 세워서 이것에 의해 광전 효과(光電効果)를 거뜬히 설명할 수 있었다.

광전 효과라는 것은 빛이 금속면에 부딪치면 거기에서부터

전자가 튀어나오는 현상이다. 그때 튀어나오는 전자수는 부딪치는 빛이 강할수록 많고, 또 진동수가 빛이 부딪칠수록 빠른 전자가 튀어나온다.

이 현상을 광파가 전자를 흔들어 튀어나온다고 생각하면 빛의 진폭이 클수록, 즉 빛이 강할수록 빠른 전자가 튀어나오는 셈이 된다(13장 참조).

그래서 빛의 양자론을 사용하면 광전 효과란 광자가 전자에 충돌하여 이것을 다시 튕겨내는 것이 되므로, 빛이 강하면, 즉 광자의 수가 많으면 튀어나오는 전자수도 늘고 빛의 진동수가 커진다. 따라서 광자 에너지가 크면 전자의 에너지도 크고 빨라진다.

그리고 실험에 의하면 금속 종류에 따라 빛의 진동수가 어떤 값 이상이 되지 않으면 아무리 강한 빛을 쬐여도 전자는 튀어나오지 않는다. 이것은 전자가 금속 밖으로 튀어나오는 데는 얼마간의 일을 해야 하므로 최저 그것에 필요한 에너지를 주어야 한다고 생각하면 된다.

콤프턴 효과

또 아인슈타인은 광자가 빛의 파장이 λ일 때,

$$p = \frac{h\nu}{c} = \frac{h}{\lambda} \quad \text{...........} \quad \langle \text{수식 16-4} \rangle$$

로 주어지는 운동량을 갖는다는 가정을 추가하였다.

이것은 특수상대성 이론에 있어서 에너지·운동량의 크기를 주는 〈수식 14-11〉로서 정지질량 m_0을 0이라 놓고 구한 것이다.

186

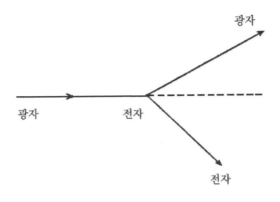

〈그림 168〉 콤프턴 효과

　고전론에 있어서도 전자기파가 운동량을 갖는다는 것은 13장에서 설명하였다.

　광자가 에너지 외에 운동량도 갖는다고 하는, 이 가설에 대한 직접적인 증명이 된 것은 콤프턴(Arthur Holly Compton, 1892~1962) 효과이다. 석묵(石黑)에 의한 X선의 산란 때 입사방향으로부터 벗어난 산란X선 파장은 입사X선 파장보다 근소하게 길어진다.

　파동설에 의하면 석묵 속의 전자는 입사X선에 의해서 그것과 같은 진동수로 진동하고, 또 같은 진동수의 X선을 여러 가지 방향으로 사출하게 되어 X선 파장은 변화하지 않는다(13장 참조).

　광량자 가설에 의하면 광자는 전자에 충돌하여 전자를 튀어나가게 함과 더불어 자신도 입자 방향으로부터 벗어나고, 그때 운동량, 에너지보존법칙에 의하여 광자의 에너지나 운동량은 일부분이 전자로 이동하여 그 진동수는 감소하고 파장은 증대한다.

이리하여 빛이 입자성을 갖는다는 것은 이제는 의심할 바 없게 되었지만, 다른 한편 간섭, 회절 등에 관한 여러 현상은 분명히 빛의 파동성을 나타내고 있다. 이러한 빛의 이중성은 고전물리학으로는 풀기 어려운 수수께끼인데 이 점이야말로 양자론의 깊은 의미가 숨어 있으며 이것은 뒤에서 또 한 번 다루기로 하겠다.

보어의 원자 모형

양자론을 원자구조에 적용하여 러더퍼드의 원자 모형이 가진 여러 가지 곤란(13장 참조)을 해결한 것이, 1913년에 제창된 보어(Niels Henrik David Bohr, 1885~1962)의 원자 모형이다.

수소원자는 +e의 전하를 가진 양성자의 주위를 -e의 전하를 가진 전자 1개가 원 궤도를 그리면서 돌고 있다고 생각하자. 그리고 다음 두 가지 조건을 가정한다.

⑴ 양자조건. 전자의 궤도는 각운동량이 플랑크 상수 $\hbar = h/2\pi$의 정수배를 가진 것만이 허용된다.

$pr = n\hbar$, $n = 1, 2, \cdots$,   ⋯⋯⋯⋯⋯   〈수식 16-5〉

여기서 p는 전자의 운동량, r는 궤도반지름이고 정수 n은 양자수라고 불린다.

따라서 전자가 취할 수 있는 궤도는 띄엄띄엄 되어 있고 이것을 양자화된 궤도라고 한다.

고전 전기역학과는 달리 양자화된 궤도에 있을 때, 전자는 전자기파를 사출하지 않는다.

따라서 전자가 한 궤도를 돌고 있다면 원자는 정상상태에 계속 있게 된다.

(2) 진동수조건. 원자가 하나의 정상상태로부터 다른 정상 상태로 옮아갈 때 빛의 사출이나 흡수가 일어난다. 즉 전자는 에너지의 높은 바깥쪽 궤도로부터 에너지가 낮은 안쪽 궤도로 떨어질 때 빛을 사출하며, 반대로 빛을 흡수하면 안쪽 궤도로부터 바깥 궤도로 뛰어오른다. 그때 사출 또는 흡수되는 빛은 그 진동수와 플랑크 상수와의 곱이 정상상태간의 에너지 차와 같은 단색광(單色光)이다. 즉,

$$h\nu = E_\ell - E_n, \quad \ell, \ n=1, \ 2, \cdots\cdots, \quad \cdots\cdots\cdots\cdots \quad \langle 수식 \ 16\text{-}6 \rangle$$

여기서 ν는 빛의 진동수, E_ℓ, E_n은 정상상태의 에너지이다.

또 정상상태간의 천이(遷移)는 이른바 양자비약이므로 더 이상 분해할 수 없는 소과정(素過程)이다.

원자의 크기, 안정성, 휘선 스펙트럼

지금 고전역학이 적용된다고 하면 양자화된 궤도에 있는 전자의 원운동은 쿨롱의 인력에 의하는 것이므로,

$$m \ \frac{v^2}{r} = \frac{1}{4\pi\epsilon_0} \ \frac{e^2}{r^2} \quad \cdots\cdots\cdots\cdots \quad \langle 수식 \ 16\text{-}7 \rangle$$

이 아니면 안 된다(〈수식 4-4〉, 〈수식 12-1〉에 의하여).

〈수식 16-5〉, 〈수식 16-7〉로부터 r과 v를 풀면, p=mv이므로

$$r_n = \frac{\epsilon_0 n^2 h^2}{\pi m e^2} \ n=1, \ 2, \cdots, \quad \cdots\cdots\cdots\cdots \quad \langle 수식 \ 16\text{-}8 \rangle$$

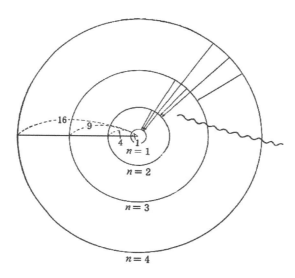

〈그림 169〉 보어의 원자 모형

$$v_n = \frac{e^2}{2\epsilon_0 m h} \quad \text{n=1, 2,} \cdots, \quad \cdots\cdots\cdots \quad \text{〈수식 16-9〉}$$

가 된다.

전자의 원궤도 지름은 〈수식 16-8〉로부터 양자수의 제곱 n^2 에 비례하고 양자수 n=1인 제일 안쪽 궤도의 반지름은

$$r_1 = \frac{\epsilon_0 h^2}{\pi m e^2} = 0.53 \times 10^{-18} cm \quad \cdots\cdots\cdots \quad \text{〈수식 16-10〉}$$

즉 1억분의 1㎝ 정도가 된다. 이 값은 기체분자 운동론에서 예상되는 원자의 크기 정도가 되어 있다(『물리학의 재발견(상)』 9장 참조).

러더퍼드의 원자 모형에서는 원자의 크기를 구할 수 없었는데 보어의 원자 모형에서 그것이 구해질 수 있었던 것은 전자 질량 m, 전하 e와 진공유전율 ε_0 외에 플랑크 상수 h가 도입되었기 때문이며 〈수식 16-8〉, 〈수식 16-10〉에서 알 수 있듯이, $\varepsilon_0 h/me^2$이라는 조합이 길이를 주게 된다. 그리고 h가 없다면 다른 세 가지를 아무리 조합해도 길이는 나오지 않는다.

다음에 전자 에너지를 구하면, 운동 에너지는 $\frac{1}{2}mv^2$에 〈수식 16-9〉를 대입하여 $me^4/8\varepsilon_0^2 n^2 h^2$이 되고 위치 에너지는 13장 〈수식 13-10〉에 주어진 것 같이 $-e^2/4\pi\varepsilon_0 r$이며, 이것에 〈수식 16-8〉을 대입하여 $-me^4/4\varepsilon_0^2 n^2 h^2$이 되므로 전에너지는

$$E_n = -\frac{me^4}{8\epsilon_0^2 n^2 h^2} \quad n=1,\ 2,\ \cdots, \quad \text{················} \quad \langle\text{수식 } 16\text{-}11\rangle$$

가 되어 양자수 n에 따라 에너지 준위가 결정된다.

따라서 n=1상태가 제일 낮은 에너지를 가지며 바닥상태(Ground State)라고 불린다. 그리고 n=2 이상의 상태는 들뜬상태(Excited State)라고 불린다.

전자가 바닥상태에 있으면 빛의 사출에 의해 에너지를 잃는 일없이 원자의 안정성이 보증된다. 이렇게 자연현상에 불연속성을 초래하는 플랑크 상수는 동시에 자연을 안정하게 유지하는 지주(支柱)이기도 하였다.

또, 이 〈수식 16-11〉을 진동수조건 〈수식 16-6〉에 대입하면

$$\frac{1}{\lambda} = \frac{\nu}{c} = \frac{me^4}{8\epsilon_0 ch^3}\left(\frac{1}{\ell^2} - \frac{1}{n^2}\right)$$

$$\ell,\ n=1,\ 2,\ \cdots, \qquad \text{··················} \quad \langle\text{수식 } 16\text{-}12\rangle$$

〈그림 170〉 수소의 스펙트럼

가 된다. 이것에 의해서 원자의 휘선 스펙트럼과 그 규칙성이 설명된다.

이를테면, $\ell = 2$, n= 3, 4,……로서 얻어지는 파장은 가시광선 정도이어서 〈그림 170〉에 든 수소 스펙트럼과 일치한다. 또 $\ell = 1$인 경우는 자외선이 되고, $\ell = 3$, 4인 경우는 적외선이 되며 이것들도 실험과 일치한다.

이러한 스펙트럼의 규칙성도 고전론으로는 설명할 수 없다. 고전론에서는 어떤 진동수의 파동이 사출되면 그 고조파, 즉 기본파의 정수배의 진동수를 가진 파동이 수반되지 않으면 안 된다.

관측 가능한 양

그런데 원자로부터 사출되는 빛의 진동수는 보어의 원자 모형에 의해 결정되지만, 사출되는 빛의 세기나 편의 등은 이것으로도 구할 수 없다.

보어는 고전론과 양자론과는 본질적으로 전혀 다른 이론이기는 하지만, 양자수가 큰 경우에는 어떤 종류의 대응관계가 성립한다는 것을 보여주고, 이 대응을 양자수가 크지 않는 경우에도 추진시켜 불완전한 양자론을 고전론으로 보완하여 완전한 이론체계에 도달하는 지도방침으로 삼았다. 이것이 이른바 보어의 대응원리

192

(對應原理)이다. 그리고 1925년 이 대응원리를
유도하여 양자론의 완전한 이론체계를 수립한
것이 하이젠베르크(Werner Karl Heisenberg,
1901~1979)였다.

〈그림 171〉
하이젠베르크

하이젠베르크는 당시의 양자론이 관측불가
능한 양을 물리적으로 의미가 있는 양으로
포함시키는 것을 비판하고, 관측가능한 양만
이 나타나는 양자론적 역학 건설을 시도하
였던 것이다. 원자는 전자의 위치, 궤도, 주기 등은 쓰지 말고
사출되는 빛의 진동수, 세기, 편의만으로 기술되어야 한다는 이
하이젠베르크의 이론은 행렬(Matrix)을 사용하여 정식화되므로
행렬역학(行列力學)이라고도 불렸다.

물질의 파동성

앞에서 설명한 것과 같이, 고전 물리학은 물질의 입자성에
바탕을 두는 역학과 장의 파동성에 바탕을 두는 전자기학으로
구성되어 있었다. 그러나 양자론에 의해서 빛은 입자성도 가진
다는 것이 밝혀졌다. 장이 파동성뿐만 아니라 입자성도 가지고
있다면 물질 역시 파동성을 가지지 않을까? 이러한 아이디어
는, 1924년 드 브로이(Louis Victor de Broglie, 1892~1987)에
의해 제출되어 실험적으로도 확인되었다.

드 브로이는 물질입자의 에너지, 운동량과, 그것에 수반하는
물질파의 진동수, 파장과의 사이에, 마치 광파와 광자와의 사이
에서와 같은 관계식이 성립한다고 가정하였다. 즉,

$E = h\nu$ ············· 〈수식 16-13〉

$$p = \frac{h}{\lambda} \quad \cdots\cdots\cdots\cdots \quad \langle수식\ 16\text{-}14\rangle$$

여기서 E는 에너지, p는 운동량, ν는 진동수, λ는 파장, h는 플랑크 상수이다.

　원자 내의 전자에 이 가정을 적용하였을 때 궤도를 양자화하는 조건은 〈수식 16-5〉에 〈수식 16-14〉을 대입하면

$$2\pi r = n\lambda \quad \cdots\cdots\cdots\cdots \quad \langle수식\ 16\text{-}15\rangle$$

가 되어 원주가 전자에 수반하는 드 브로이파 파장의 정수배와 같다는 것이 된다.

　또 전자에 수반되는 드 브로이파 파장은 전위차가 수십 내지 수백 볼트인 전극간을 달릴 때, 대략 10^{-8}(1억분의 1)㎝ 정도라고 계산되며 이것은 X선 파장과 같은 정도이다.

　X선의 파동성은 결정을 통과시키거나 결정으로 반사시키면 〈그림 172〉와 같은 회절상을 그리는 것으로 알 수 있다. 결정을 사용하게 되는 것은 X선의 파장이 짧아서 인공적으로 만든 좁은 간극 따위에서는 회절을 일으키지 않기 때문이며 원자가 규칙적으로 배열된 결정이 천연격자로 적당한 것이다.

　따라서 전자선도 X선과 마찬가지로 결정에 의해서 회절, 간섭을 일으킬 것이 예상된다. 실제로 전자선을 결정에 쬐면 〈그림 173〉과 같은 X선인 경우와 꼭 닮은 상이 얻어져서 전자의 파동성이 확인되었던 것이다.

　이렇게 물질도 파동성을 가진다는 것을 확인하였다. 왜 그때까지 물질의 파동성을 몰랐을까? 그것은 물질파의 파장이 아주 짧았기 때문이며, 더욱이 그것은 질량과 반비례하므로(〈수식 16-14〉), 전자 정도의 가벼운 것이라도 X선 파장 정도인데, 하

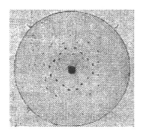

섬아연광 ZnS(110) 방향   금의 다결정 (데바이 셸러)

〈그림 172〉 X선의 회절상

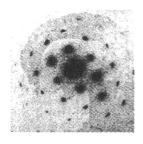

백금(110) 방향   금의 다결정 (G. P. 톰슨)

〈그림 173〉 전자선의 회절상

물며 다른 입자에서는 파장이 아주 짧아져 도저히 파동성은 인
정할 수 없었다.

　이렇게 하여 물질도 장도 모두 입자성과 파동성을 갖고 있다
는 것을 알게 되고 둘 사이의 본질적인 상위는 없어져 버렸다.
양자론에 의해서 물질도 또한 장 이론으로 취급될 가능성이 생
긴 것이다.

양자역학

이러한 물질의 파동성에 바탕을 두고,
1926년, 슈뢰딩거(Erwin Schrodinger, 1887
~1961)는 파동역학을 건설하였다. 이것은 기
하광학과 고전역학의 대응을 추진하여 파동
광학에 대응하는 역학으로서 구해진 것이다.

하이젠베르크의 행렬역학과 슈뢰딩거의 〈그림 174〉 슈뢰딩거
파동역학은 얼핏 보아 전혀 다른 수학적 표현을 사용하고 있지
만(파동역학은 편미분 방정식) 그것들은 완전히 동등한 이론이다.
그리고 이들 이론은 디랙(Paul Adrien Maurice Dirac, 1902~
1984)에 의해 통일적으로 논의되어 일반적으로 양자역학이라는
이름으로 불리고 있다. 또 양자역학에 대하여 그 이전의 양자
론을 전기양자론(前期量子論)이라고 한다.

관측에 따른 산란과 크기의 절대성

양자역학의 대상은 물질, 또는 장의 구성요소로서 대단히 작
은 세계이다. 그럼 작다는 것은 어떤 것일까?

고전론적으로는 물질의 성질을 설명하기 위해 그것이 많은
작은 구성요소로 구성되어 있다고 생각하고, 구성요소가 따라
야 하는 법칙을 가정하여 그 법칙으로부터 전체로서의 물질에
관한 법칙을 유도하려고 한다. 그러나 그것만으로는 구성요소
의 구조와 그 안정성과의 문제를 언급하지 못하므로 완전한 설
명이라고는 말하기 어렵다. 이 문제를 파고들려고 하면 각 구
성요소는 그 자신의 법칙을 설명할 수 있는 더 작은 구성요소
로 구성된다고 생각할 필요가 있을 것이다. 이런 방법이 무한

히 계속된다는 것은 자명하다.

이렇게 크고 작다는 것이 상대적 개념에 머무는 한 큰 것을 작은 것으로 설명하려는 것은 헛수고이다. 우리는 크기에 절대적인 의미를 주어 고전적인 개념을 바꿔야 한다.

물리학은 관측 가능한 것만을 문제 삼아야 하며, 관측을 행하는 데는 대상에 어떤 외력을 가하지 않으면 안 된다. 관측을 행하면 필연적으로 대상에 어떤 산란을 주게 된다. 그러므로 대상이 크다는 것은 관측에 따른 산란이 무시될 수 있을 때이며, 작다는 것은 이것을 무시할 수 없을 때라고 정의한다.

보통 생각되고 있는 것처럼 만일 이 산란을 얼마든지 작게 할 수 있다면 대소의 개념은 전적으로 상대적인 것이 되어버린다. 그러므로 크기에 절대적인 의미를 주기 위해서는 우리가 대상을 얼마나 자세하게 관측할 수 있는가, 그것에 따른 산란을 어느 정도까지 작게 할 수 있는가 하는 것에 한도가 있다고 가정해야 한다. 그리고 그 한도는 자연의 본성이기 때문에 관측기술이 아무리 진보하고 아무리 숙련이 쌓일지라도 결코 그것을 넘어설 수 없다.

하이젠베르크의 불확정성 원리

이러한 사고실험을 해 보자.

전자를 관측하는 데에 이것에 수평 방향으로부터 빛을 비치고 산란된 빛을 현미경으로 보기로 하자.

11장에서 설명한 것 같이 현미경은 관측하는 두 점이 어느 거리 시내로 가까워지면 이 둘은 하나로 보여 구별할 수 없게 된다. 두 점을 판별할 수 있는 최단거리가 분해능이었다. 따라

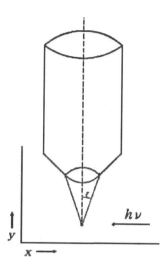

〈그림 175〉 감마선 현미경의 사고실험
(하이젠베르크 『양자론의 물리적 기초』에서)

서 전자의 위치는 분해능 이상의 정밀도로 관측할 수는 없다.

현미경의 분해능은 빛의 파장이 짧을수록, 물체를 대물렌즈로 보는 각도가 클수록 높아진다. 즉 전자의 관측에 사용하는 빛의 파장을 짧게 하면 측정정밀도를 높일 수 있으므로 기술적인 가능성을 별도로 치고 가시광선 대신 γ선을 사용하기로 하자.

실제 전자를 보기 위해서는 전자에 산란된 빛이 렌즈 속으로 들어와야 한다. 콤프턴 효과에 대해 이미 설명한 것 같이 광자가 산란되어 그 운동량이 변화하면 전자의 운동량도 같은 크기만큼 반대 방향으로 변화한다. 덧붙여 산란된 광자가 렌즈의 어느 부분으로 들어갔는지 모르므로 광자운동량의 수평 방향으로의 성분변화, 따라서 전자 운동량의 수평 방향의 성분변화도 그 측정 정밀도에 한계가 있어서 빛의 운동량이 클수록, 즉 파장이 짧을수록, 또한 대물렌즈를 보는 각도가 클수록 전자운동량의 불확정성은 커진다.

따라서 전자위치의 불확정성 Δx와 운동량의 불확정성 Δp와는 한편을 작게 하면 다른 편이 커져서 둘을 곱한 값은 플랑크 상수 정도보다도 작게 할 수는 없다. 즉,

$$\Delta x \Delta p \sim h$$ ············· 〈수식 16-16〉

따라서 「위치와 운동량과는 동시에 정확하게 측정할 수 없다」 이것을 하이젠베르크의 불확정성 원리라고 한다.

이 사정은 빛이 파동과 입자라는 이중성을 갖는 것에 유래하고 있다. 전자위치의 불확정성은 빛의 파동성에 바탕을 두고, 운동량의 불확정성은 빛의 입자성에 바탕을 두고 있다.

입자와 파동의 이중성

그럼 전자를 관측하는 데에 빛을 사용하지 않기로 하면 어떨까? 이를테면, 〈그림 176〉과 같이 전자의 운동 방향과 수직하게 칸막이를 놓고 지면과 수직하게 좁은 틈새를 만들었다고 하자. 전자가 있는 지면에도 칸막이와도 수평한 방향의 위치는 좁은 틈새의 폭이 좁을수록 정확하게 측정되지만, 그렇게 되면 전자파의 회절이 커져서 이 방향의 운동량의 불확정성이 증대한다. 그리고 아무리 해도 앞에서 설명한 불확정성관계〈수식 16-16〉을 벗어날 수 없게 된다.

이 경우에는 전자의 입자와 파동이라는 이중성에 유래한 다는 것을 알게 된다.

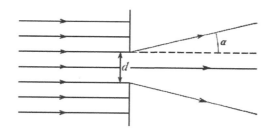

〈그림 176〉 전자 회절의 사고실험(하이젠베르크 『양자론의 물리적 기초』에서)

또 마찬가지로 시간과 에너지 사이에도 불확정성 관계

$$\Delta t \Delta E \sim h$$ ……………   〈수식 16-17〉

가 성립된다.

또한 파동의 진폭과 위상 사이에도 불확정성 관계가 성립한다.

상보성

양자역학에 있어서 이와 같은 사정을 보어는 상보성(相補性)이라는 말로 표현했다. 즉 동일 대상에 관해서 어떤 실험에 의하여 얻어지는 지식이 이 실험과 서로 상극이 되는 다른 실험에 의해 얻어지는 지식과 상보하여 비로소 그 대상에 관한 완전한 설명이 가능할 때, 이들 지식, 또는 개념 또 더 좁게 보면 이들 실험에 의하여 측정되는 두 양은 서로 상보적이라고 한다. 앞에서 설명한 위치와 운동량은 그 대표적인 예이다. 또 시간과 에너지도 모두 서로 상보적인 양이다.

또한 입자와 파동과의 이중성도 상보적인 개념이다. 즉 입자성을 나타내는 실험과 파동성을 나타내는 실험과는 서로 방해하는 일 없이 실험할 수는 없는 것이다. 입자라고 해도 그것은 위치와 운동량과를 동시에 결정할 수 없고, 파동이라 해도 위상과 진폭과를 동시에 결정할 수는 없다. 이것들이 상보되어 비로소 완전한 개념을 형성하는 것이다.

통계적 인과율

고전역학의 한 본질적인 특징은 『물리학의 재발견(상)』 4장에서 고찰한 것 같이 거기서는 인과율이 성립한다는 것이다.

정해진 원인으로부터는 정해진 결과가 생긴다는 의미의 인과율은 현상의 계속적인 발생에 아무런 영향을 미치는 일 없이 원인과 결과를 관측할 수 있다는 것을 전제로 하고 있다. 물론, 거시적 세계에서는 이것은 의심할 바 없다. 우리가 어떤 시각에 태양이나 달 따위의 위치나 속도를 거기로부터 반사되는 빛에 의하여 관측하였다고 해도 이들 천체의 운동은 전혀 그 영향을 받지 않는다.

그리고 어떤 시각의 위치와 속도가 주어지기만 하면 그 후의 물체운동은 뉴턴의 운동 방정식에 의하여 일의적(一義的)으로 결정된다. 즉 엄밀한 인과율이 성립되는 것이다.

그런데 양자역학에서는 어떨까? 관측에 관해 지금까지 설명해 온 사정으로부터 보아 종래의 인과율 개념에 수정을 가해야 할 것이다. 미시적 세계에서는 불확정성원리 때문에 위치와 운동량과를 동시에 정확하게 측정할 수 없다. 즉 인과율의 전제가 될 초기 조건을 엄밀하게 줄 수 없다. 따라서 어떤 시간 경과 후에 취해야 할 위치나 속도도 정확하게 예지하는 것이 불가능하다.

$$i\hbar\frac{\partial\psi}{\partial t} = \frac{-\hbar^2}{2m}\left(\frac{\partial^2\psi}{\partial x^2} + \frac{\partial^2\psi}{\partial y^2} + \frac{\partial^2\psi}{\partial z^2}\right) + V\psi$$

〈그림 177〉 슈뢰딩거의 파동 방정식

그러므로 양자역학의 대상은 동시에 관측 가능한 양만에 의해서 규정되어야 한다. 이것을 상태(狀態)라는 말로 부르자. 그렇게 하면 양자역학적 상태의 시간변화는 슈뢰딩거의 파동 방정식에 의해 일의적으로 결정된다.

다만, 계(系)의 상태가 일의적으로 결정된다는 것은 임의의 물리량을 측정하였을 때, 반드시 일정한 결과가 얻어진다는 것을 의미하고 있는 것은 아니고, 그 상태에서 물리량이 취할 수 있는 값과 각개의 값을 취하는 확률이 주어진다는 것을 의미한다. 따라서 양자역학에서는 통계적 인과율을 인정할 수 있다고 해도 좋을 것이다. 이 사정은 다음에 두 가지 예를 들어 자세히 고찰하기로 하자.

여기서 〈그림 177〉에 슈뢰딩거의 파동 방정식을 보였는데, 이것도 시각적 효과를 올리기 위해서이다. ψ(영어식으로 읽어 프사이)가 상태를 나타내고, 상태함수, 또는 파동함수라고 불린다.

파속의 확장과 수축

지금 x방향에 자유롭게 운동하고 있는 입자상태가 시각 t=0에 있어서 파동함수 $\psi(x, 0)$로 표시되고 그 제곱 $|\psi(x, 0)|^2$을 그래프에 그리면, 〈그림 178〉과 같은 봉우리 모양이었다고 하자. 이 경우, 파동함수는 파속(펄스)을 이룬다고 말한다. 또 그림과 같은 봉우리는 가우스분포라고 불린다.

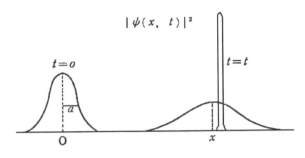

〈그림 178〉 파속의 확장과 수축

일반적으로 파동함수의 제곱 $|\psi(x)|^2$은 입자가 위치 x에 존재하는 확률을 준다고 해석된다.

따라서 그림의 경우는 입자는 t=0에 있어서 원점에 존재하는 확률이 제일 크고, 그리고 그것을 중심으로 하여 거리 a 정도의 범위에 존재하고 있다. 또한 입자는 x축상 어딘가에 존재하는 것이므로 입자가 x축상 어딘가에 존재하는 확률은 1이며, 따라서 $|\psi(x, 0)|^2$을 모든 x에 대하여 더하면 1이 될 것이다. 바꿔 말하면 가우스 분포의 넓이는 1이 아니면 안 된다. 또 가우스 분포는 원점에 관해서 대칭이므로 t=0에 있어서 입자의 평균위치도 역시 원점이다.

이 입자가 시간과 더불어 x방향으로 이동에 가면 파동함수의 형태는 차츰 변화해 간다. 왜냐하면 불확정성원리」 $\varDelta x \varDelta p \sim h$에 의해 $\varDelta x \sim a$이므로 운동량은 $\varDelta p \sim h/a$ 정도의 불확정성을 갖고, 따라서 그 범위에서 운동량은 여러 가지 값을 가질 확률이 있기 때문이다.

그래서 평균운동량을 p라고 하면 입자의 평균위치 x는 v=p/m의 속도로 x방향으로 운동해 간다고 예상된다.

실제로 슈뢰딩거의 파동 방정식을 풀면 임의의 시각 t=t에 있어서의 파동함수 ψ(x, t)가 구해지고 그것의 제곱 $|\psi$(x, t)$|^2$은 x=(p/m)t를 중심으로 하여 폭은 원래의 $\sqrt{1+(\hbar t/ma^2)^2}$ 배로 확장되고, 높이는 원래의 $1/\sqrt{1+(\hbar t/ma^2)^2}$ 배로 낮아진 가우스분포임을 알 수 있다.

시각 t=0에 있어서의 상태가 주어지면 슈뢰딩거의 파동 방정식에 의하여 나중 시각 t=t에 있어서의 상태는 일의적으로 결정된다. 그러나 그것을, 이를테면 입자의 위치가 일의적으로 결정된다는 것을 의미하는 것이 아니라 입자가 취할 수 있는 위치와 그 확률이 결정된다는 것을 의미한다.

그리고 관측 결과, 입자의 위치가 가능한 값 가운데 어느 것인가에 결정되었다면 파동함수는 그 순간에 수축하며 파동함수의 제곱도 수축하여 길쭉한 가우스분포로 나타낼 수 있게 될 것이다. 이것을 파속의 수축이라 한다.

상태변화에는 두 가지 방식이 있다. 관측되지 않는 동안에는 상태는 슈뢰딩거의 파동 방정식에 따라 시간과 더불어 연속적으로 변화해 가고, 관측되었을 때에는 그 순간에 비약적인 변화를 하는 것이다.

또 확률분포의, 따라서 파동함수의 폭이 넓어지고 $\sqrt{1+(\hbar t/ma^2)^2}$은 질량 m이 작을수록 크다는 것도 주의하기 바란다.

광자의 편의

또 한 예로서 편의(偏倚)된 광선이 얇은 전기적 결정에 입사한 경우에 대해 생각해 보자(11장 참조). 간단하게 하기 위해 입사광의 편광면이 결정 광축(光軸)과 이루는 각을 60°, 따라서 진동면이 광축과 이루는 각을 30°라고 하면 진폭의 광축 방향의 성분은 그 $\sqrt{3}/2$배이며, 따라서 결정을 투과해서 나오는 빛의 세기는 그 제곱을 취하여 입사광의 3/4배로서, 더욱이 그 광선은 광축에 수직으로 편의되고 있는, 즉 광축과 평행으로 진동하고 있다.

이 현상을 빛의 입자설로는 어떻게 이해해야 할까? 편의된 광선은 역시 그 방향으로 편의된 광자 모임이라고 보아도 된다. 그래서 단지 한 개의 광자로 이뤄진 광선이 입사하였다고 하면, 다음 두 가지 중 어느 쪽이든 일어날 것이다. 하나는 처음과 같은 에너지를 가진 광자가 결정 뒤쪽에서도 관측되는 경우로서, 그때 투과 후의 광자는 광축에 수직으로 편의되고 있다. 다른 하나는 광자가 결정으로 흡수되어 버리는 경우이다. 그리고 이 실험을 몇 번이나 되풀이 하면 결정 뒤쪽에서 광자가 인정되는 회수는 총회 수의 3/4배이어야 한다.

따라서 우리는 광축에 대하여 각 60°를 이루고 편의한 상태에 있는 광자 중의 어느 것이 결정을 통과하고 어느 것이 흡수되는지는 예언할 수는 없지만, 이런 상태에 있는 광자가 전기석을 통과하여 광축에 수직으로 편의한 상태가 되는 확률이 3/4, 결정으로 흡수되어 버리는 확률이 1/4인 것은 예지할 수 있다.

힐버트 공간

그럼 파속의 수축에 있어서는 관측에 의하여 결정된 상태는 관측 직전의 슈뢰딩거의 파동 방정식에 의해 구해진 상태 속에 어떤 비율로 포함되어 있었던 것이다.

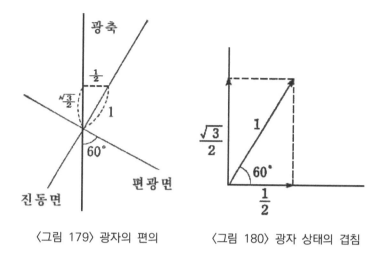

〈그림 179〉 광자의 편의   〈그림 180〉 광자 상태의 겹침

편광의 예에 있어서도 관측에 의해 일어나는 두 가지 상태, 즉 광자의 광축 방향으로 편의된 상태와 그것에 수직으로 편의된 상태와는 모두 입사광자의 상태에 포함된다고 생각할 수 있다. 그러기 위해서는 〈그림 180〉과 같이 광축에 대하여 60° 편의된 입사 광자 상태는 광축에 수직으로 편의된 상태와 편행으로 편의된 상태와를 각각 $\sqrt{3}/2 : 1/2$의 비율로 겹친 것이라고 생각하면 된다. 그것들의 제곱비 3/4:1/4가 관측 결과 어느 쪽 상태가 일어나는가의 확률을 주게 된다.

이 사정은 10장에서 설명한 파동의 겹침 원리를 닮았다. 양자역학적 상태는 어쩐지 벡터와 같이 평행사변형의 방법으로 겹쳐지는 것 같이 생각된다.

파속의 경우는 이렇게 생각하면 된다. 입자가 x축 상의 각 점에 존재하는 상태를 각각 어떤 비율로 겹친 것이 파속으로 표시되는 상태라고 말이다. 이를테면, 시각 t=0에 있어서 입자

상태는 원점으로부터 a 정도의 범위에 있는 상태를 겹친 것이어서 멀리 떨어진 상태는 포함되어 있지 않다. 그리고 시간 경과와 더불어 입자상태 속에 겹쳐져 있는 각개 상태의 비율이 차츰 변해간다. 즉 입자상태는 연속된 무한개(無限個)의 각점 각점에 입자가 존재하는 상태를—따라서 상태수도 연속 무한개 있는데—각각 어떤 비율로 겹친 것이다.

유클리드 공간의 차원수를 늘려 가산무한차원(可算無限次元)으로 한 공간을 힐버트(David Hilbert, 1862~1943) 공간이라 한다. 그리고 양자역학적 상태는 힐버트 공간의 벡터로 표시된다.

편광의 보기에서 힐버트 공간은 유한차원(2차원)으로서 특수한 경우로 되어 있고, 파속의 보기에서는 연속무한차원으로서, 이것은 힐버트 공간을 확장하여 다룬다.

또 힐버트 공간에는 그 벡터가 실효값을 취하는 것만이 아니고 복소수로 표시되는 것도 포함하고 있다. 일반적으로 힐버트 공간이라 할 때, 실공간만이 아닌 복소 공간을 포함한 것이다.

슈뢰딩거의 고양이

통계적 인과율에 대해서는 슈뢰딩거의 고양이에 관한 비유를 잊어서는 안 된다.

고양이가 들어있는 상자에 방사성 물질을 설치한다. 방사선 물질에서 방사선이 나오면 계수관이 방전하여 그 전류가 증폭되어 전자석이 망치를 동작시킨다. 망치는 상자 속의 사이안산이 들어 있는 병을 깨뜨리게 하는 장치이다. 즉 방사성 물질의 원자핵이 하나라도 붕괴하면 고양이는 죽는다.

그런데 방사성 물질의 붕괴(어느 원자핵이 언제 붕괴하는가)는

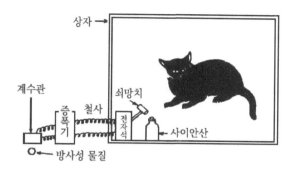

<그림 181> 슈뢰딩거의 고양이

원칙적으로는 예지할 수 없는 일이지만 한 개의 원자핵이 일정 시간 내에 붕괴하는 확률 또는 방사성 물질량이 반감될 때까지의 시간—반감기(減期)—은 알 수 있다. 그리하여 준비한 방사성 물질의 1시간 내에 붕괴하는 확률이 1/2이었다고 하자.

그렇게 되면, 처음 살아 있는 상태나 ψ생에 있던 고양이는 시간경과와 더불어 살아 있는 상태 ψ생과 죽은 상태 ψ사가 혼돈된 상태가 되고, 1시간 후에는 ψ생과 ψ사가 같은 비율로 섞인 상태가 되어 살아 있을 확률이 1/2, 죽어 있을 확률이 1/2인 것을 예측할 수 있다.

그리하여 상자 뚜껑을 열어 관측하면 살았는지 죽었는지는 곧 결정되고 고양이 상태를 나타내는 파동함수는 그 순간에 ψ생 또는 ψ사로 수축한다.

만일 같은 실험을 반복할 수 있다면 여러 번의 실험 결과에서 고양이가 살아 있는 경우와 죽은 경우는 같은 횟수로 나타날 것이다.

시공적 기술과 인과율

그런데 자연현상의 시공적 기술과 인과율과는 상보적이라고 한다.

예를 들면 전자가 자유운동하고 있을 때, 그 운동량과 에너지와는 일정한 값을 유지할 것이다. 우리가 일단 이 입자의 운동량과 에너지와의 값을 측정하여 알고 있었다면 그 후 어느 시각에 측정해도 처음과 같은 값이 얻어질 것이 확실하다. 즉 인과율을 인정할 수 있다. 그 대신 우리는 전자의 운동을 시공적으로 더듬어가는 것을 단념해야 한다. 왜냐하면 어느 시각의 입자위치를 상당한 정밀도로 측정하려고 하면 반드시 그 운동량이나 에너지에 예측할 수 없는 변화를 미치기 때문이다.

현상을 거꾸로 즉 시공적으로 추적해간다는 것은 인과율을 회생시킴으로써만이 가능하다.

조화 진동자

다음에 계의 상태가 시간적으로 변화하지 않는 경우, 즉 정상상태에 대하여 생각해 보자. 이 경우에는 슈뢰딩거의 파동방정식도 형태가 간단하게 되지만(역시 슈뢰딩거의 방정식이라고 불린다) 이것에 의해 계가 취할 수 있는 에너지 값과 각각의 에너지에 대응하는 파동함수를 구할 수 있다.

먼저 단진동(單振勤)에 대해 알아보자. 단진동을 하고 있는 물체는 조화진동자(調和振動子)라고도 불린다. 이미 『물리학의 재발견(상)』 4장이나 『물리학의 재발견(하)』 10장에서 설명한 것 같이 조화진동자에 작용하는 힘은 kx, 진동수는 $\nu = \omega/2\pi$, $\omega =$

$\sqrt{k/m}$, 에너지는 $E = \frac{1}{2}mv^2 + \frac{1}{2}kx^2 = \frac{1}{2m}p^2 + \frac{1}{2}kx^2$ 〈수식 10-4〉로 주어졌다.

고전역학에서는 에너지는 연속적으로 모든 값을 취할 수 있었지만 양자역학에서는 슈뢰딩거의 방정식에 의하면 불연속인 띄엄띄엄한 값밖에는 취할 수 없고,

$$E = \left(n + \frac{1}{2}\right)h\nu, \ n=0, \ 1, \ 2, \ \cdots\cdots, \quad \cdots\cdots\cdots\cdots \quad \langle 수식 \ 16\text{-}18 \rangle$$

라고 표시된다. 그리고 이들 에너지 값에 대응하여 가산무한개 (可算無限個)의 가능한 상태가 존재한다.

〈수식 16-18〉에 의하면 각 에너지 준위간의 차는 모두 서로 같고 $k\nu$인 것에 주목하기 바란다. 이것이 조화진동의 특징이다.

2원자분자의 진동 역시 이 조화진동으로 간주된다. $h\nu$라는 에너지의 덩어리가 주어지지 않는 한, 진동은 일어나지 않고 자유도는 동결되어 비열에 기여하지 않았다.

다만, 양자역학에서는 에너지가 제일 낮은 상태에서라도 그 값은 0이 아닌 $\frac{1}{2}h\nu$인 것에 주의해야 한다. 이 진동은 영점진동, 이 에너지는 영점 에너지라고 불린다. 영점 에너지는 불확정성원리에 의해 설명된다. $\varDelta x \varDelta p \sim h$(〈수식 16-16〉)의 관계 때문에 에너지는 $(1/2m)(\varDelta p)^2 + (k/2)(\varDelta x)^2 \sim h\nu$보다 작게 되지 않는다.

원자의 구조

수소원자의 에너지 준위나 각각의 준위에 대응하는 파동함수도 슈뢰딩거의 방정식에 의해 구할 수 있다. 에너지 준위는 보

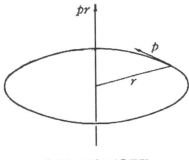

〈그림 182〉 각운동량

어의 원자 모형에 의한 것과 똑같고 〈수식 16-11〉과 같이 표시되며, n은 주양자수(主量子數)라고 불린다. 주양자수 n은 전자의 궤도 반지름을 나타낸다.

전자는 또 궤도 각운동량도 가지고 있다. 이미 앞에서 설명한 것 같이, 이를테면 등속도 원운동의 경우에는 그 각운동량의 크기는 운동량 p와 반지름 r과의 곱 pr로 주어진다. 일반적으로 각운동량도 벡터량이며 그 방향은 회전하고 있는 면과 수직한 방향, 그 방위는 회전 방향으로 오른나사를 돌렸을 때 오른나사의 진행 방향이라고 정의된다.

양자역학에서는 궤도 각운동량이나 그것의 어떤 방향으로의 성분도 플랑크의 상수 ℏ를 단위로 하여 띄엄띄엄한 값을 취하며 각각 방위양자수 ℓ, 자기양자수 m으로 표시된다. 이들 양자수 ℓ, m은 궤도형태나 그 경사를 나타낸다.

그리고 n이 하나가 주어지면 ℓ은 0, 1, ……, n-1의 n가지 값을 취할 수 있고, ℓ 하나의 값에 대하여 m은 -ℓ, -ℓ+1, ……, 0, ……, ℓ-1, ℓ의 2ℓ+1가지의 값을 취할 수 있다.

다만, 양자역학에서는 불확정성원리 때문에 궤도라는 말은 쓰지만, 고전역학이나 보어의 원자 모형인 경우와는 달리 단지 전자가 존재할 확률이 높은 곳을 가리키는 데 지나지 않는다. 원자핵 주위에 전자의 확률구름이 있다고 해도 될 것이다.

지금 전자 상태가 폭 10^{-8}㎝ 정도의 파속으로 주어졌다고 해도 10^{-16}초라는 짧은 시간, 즉 전자가 궤도를 일주할 정도의 시간에 파속은 2배로 퍼진다(앞서 설명한 $\sqrt{1 + (\hbar t/ma^2)^2}$에 의하여). 따라서 원자 내의 전자운동에 대해서는 고전적인 궤도개념은 적용할 수 없다.

다소 복잡하지만, 수소 이외의 원자도 슈뢰딩거 방정식에 의하여 마찬가지로 다룰 수 있다. 다만, 원자 내의 각 전자에 작용하는 힘은 다른 전자의 영향에 의하여 쿨롱의 법칙에서 벗어난다. 그 때문에 에너지 준위는 주양자수 n 외에도 방위양자수 ℓ에 의존한다.

양자론적 대칭성

여기서 양자론에서는 고전론에는 없는 대칭성이 도입된다는 것을 지적해 두겠다.

지금 수소원자와 같이 1개의 양성자와 1개의 전자로 구성되는 계를 생각해 보자. 고전론에서는 양성자 주위에 전자를 어떻게 두더라도 하나의 특별한 방향이 생겨 구대칭한 형태로 할 수 없다. 그러나 양자역학에 의하면 수소원자에는 전자구름, 즉 전자가 존재하는 확률이 양성자 주위에 구대칭이 되어 있는 상태(방위양자수 ℓ =0)가 존재한다.

212

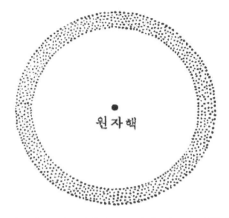

〈그림 183〉 전자의 구름과 양자론적 대칭성

스핀

앞서 설명한 것 같이 원자가 사출하는 빛의 스펙트럼은 많은 휘선으로 구성되어 있는데, 원자가 자기장 속에 놓이면 각 휘선이 몇 개인가로 나눠진다. 이것은 제만(Pieter Zeeman, 1865~1943) 효과라고 불린다.

〈수식 16-6〉, 〈수식 16-12〉로 주어지는 것 같이 원자가 사출하는 빛의 파장은 두 에너지 준위의 차로 결정되므로 이 제만 효과는 자기장에 의해 각 에너지 준위가, 조금씩 에너지가 다른 몇 개인가의 준위로 나눠진다는 것을 나타내고 있다. 따라서 주양자수 n, 방위양자수 ℓ 이 같더라도 자기양자수 m이 다른 상태는 자기장에 의하여 그 에너지들이 조금씩 달라진다고 생각될 수 있다.

제만 효과에는 확실히 이것에 의하여 설명되는 부분(정상제만 효과)도 있지만, 설명되지 못하는 부분(이상제만 효과)도 남는다.

이를테면, 수소원자의 n=1인 경우는 ℓ =0, m=0 밖에 없고 상태는 단지 하나일 터인데 이 에너지 준위도 둘로 나눠진다.

전자가 점이라고 하면 세 개의 자유도밖에 가질 수 없고, 그것은 세 개의 양자수 n, ℓ, m으로 끝나지만 크기를 가진다고 하면 자전(自專)자유도가 남아 있을 것이다.

지금 전자가 자전에 해당하는 각운동량 $\frac{1}{2}\hbar$를 가졌다고 가정하자. 이것을 스핀(Spin)각운동량이라 한다. 그렇게 하면 전자는, 이를테면 상향으로서 연직성분이 $\frac{1}{2}\hbar$의 스핀을 가지든가, 하향으로서 성분이 $-\frac{1}{2}\hbar$의 스핀을 가지든가, 또 우회전이든, 좌회전이든가 둘 중 어느 한 상태를 취할 수 있다. 그리고 이들 상태는 각각 스핀 양자수 s=1/2, -1/2로 표시된다.

이렇게 전기를 띤 입자가 자전하고 있다고 생각하면 그것은 작은 자석과 같은 것이며, 따라서 자기장에 의해 그 에너지가 변화한다.

파울리의 배타원리와 원소주기율

그럼 92종류의 원소에 대략 그것들의 원자질량(원자량)의 순서에 따라서 작은 것에서부터 큰 것으로 번호를 붙여 이것을 원자번호라고 한다. 원자번호 1은 수소, 2는 헬륨, 6은 탄소, 8은 산소, 92는 우라늄이다.

그렇게 하면 원자번호의 여덟 개째마다 화학적 성질이 비슷한 원소가 나타나는데, 이것이 바로 원소주기율이다.

또 원자번호는 그 원자 내에 존재하는 전자수와 같다는 것도

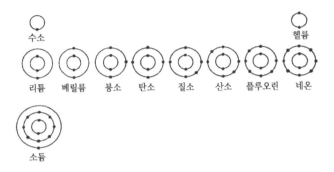

〈그림 184〉 원소의 주기율

알려졌다.

만일 그밖에 아무런 조건이 과해지지 않는 한, 원자 내의 전
자는 모두 될 수 있는 대로 에너지가 낮은 상태로, 즉 제일 안
쪽 궤도로 들어가려고 할 것이다. 그렇게 되면 원소의 주기율
을 설명할 수 없다. 하나의 궤도에 들어갈 전자수를 제한하는
데는 어떤 조건을 생각하면 될까?

그래서 전자는 네 양자수 n, ℓ, m, s의 한 조로 지정되는
하나의 상태에는 다만 하나밖에 존재하지 않는다고 가정하기로
하자. 이것을 파울리(Wolfgang Pauli, 1900~1958)의 배타(排他)
원리(1924)라고 한다.

주양자수 n이 1인 때, 방위양자수 ℓ, 자기양자수 m은 모두
0을 취할 수 있을 뿐이며, 스핀 양자수 s에는 두 가지 가능성
이 있으므로 n=1의 궤도에 들어가는 전자는 두 개이다. n이 2
인 때에는 ℓ은 0과 1인 경우가 있고, 0인 때는 m은 0만을,
1인 때는 m은 +1, 0, -1을 취할 수 있다. 각각에 대하여 s는
두 가지 가능성이 있으므로 n=2의 궤도에 들어가는 전자는 8

개이다.

이렇게 하여 각 궤도로 들어가는 전자수가 결정되고, 안쪽 궤도로부터 순서로 차 가서 제일 바깥쪽 궤도로 들어가는 전자 수도 각 원소에 따라 결정되게 된다.

가장 바깥궤도에 존재하는 전자수로부터 원소의 화학적 성질 이나 그 주기율을 설명할 수 있다. 이를테면 원자번호 1인 수 소, 3인 리튬, 11인 소듐(나트륨)은 모두 제일 바깥궤도에 단지 한 개의 전자를 가지고 있다. 이들 원소의 원자가 그 전자를 잃고 1가의 양이온이 되기 쉽다는 것은 잘 알려져 있다.

그리고 화학결합이나 화학반응, 분자구조나 스펙트럼이 양자 역학에 의해 설명되어 물리학과 화학은 양자역학에 의하여 하 나로 결합된다. 또한 양자역학은 분자생물학의 분야에도 큰 역 할을 다하고 있는데 결정, 금속, 반도체, 강자성체, 강유전체 등 여러 가지 물질이나 극저온에 있어서 여러 가지 성질(초유 동, 초전도) 등도 양자역학에 의하여 차례차례 해명되어 가고 있 다. 이러한 분야는 물성물리학(物性物理學)이라 불린다.

원자의 소용돌이 모형

원소의 주기율에는 8이라는 수가 중요한 의미를 가지고 있 다. 또한 이 수는 소용돌이 운동에도 나타난다.

두 태풍이 서로 접근하면 서로 끌려서 원운동을 한다는 것이 알려졌다. 일반적으로 몇 개인가의 같은 방향으로 회전하고 있 는 소용돌이가 원주상에 등가격으로 배열되었을 때, 이들 소용 돌이는 각각 회전하면서 원주상을 돌게 된다. 그 운동은 소용 돌이가 8개까지는 안정적이다.

216

따라서 전자를 에테르의 소용돌이라고 간주하고 원자 모형을 만들려는 시도가 의도된 것은 당연한 일이다.

불확정성 원리와 에테르

불확정성 원리를 고려함으로써 양자론에서는 에테르의 존재에 대해서도 고전론과는 다른 관점을 가질 수 있을 것이다.

에테르의 Δx 정도의 작은 부분을 생각해 보자. 불확정성관계 $\Delta x \Delta p \sim h$, $\Delta p = m \Delta v$로부터 속도의 불확정성은 $\Delta v \sim h/m \Delta x$라고 표시된다. 11장에서 논의한 것 같이 에테르 밀도는 극히 작을 것이기 때문에 그 작은 부분의 질량 m도 극히 작다. 따라서 Δv는 아주 커져서 에테르 속도는 불확정하게 되어 에테르의 존재를 그 속도에 관한 고찰로부터 부정하는 데에는 의론의 여지가 있는 것 같이 생각된다.

17. 소립자와 장양자론
─물리 공간은 진동자의 모임이다

양자역학에서 장양자론으로

양자역학은 빛이나 전자가 장이나 물질이 입자와 파동의 이중성을 가진 것에서부터 출발하였는데, 실은 그 완전한 정식화는 이룩되지 않고 있다.

양자역학은 전자의 파동성을 정식화할 수는 있었지만, 원래 문제의 발단이 된 빛 쪽은 파동인 채로 취급하여 그 입자성을 정식화하는 데까지는 이르지 못하였다. 거기에 양자역학은 비상대론적인 형식을 갖고 전자기장을 다루는데 이론은 로렌츠 변환에 관해 불변한 상대론적인 형식을 가져야 할 것이다.

또 전자에 대해서도 양자역학은 그 개수가 보존되는 경우를 취급하며, 그것들 상태의 시간적 변화를 기술한다. 그러나 전자가 창생, 소멸하며 개수가 변화하는 경우를 취급하는 것은 아니다. 그리고 전자 상태가 파동으로 표시된다고 해도 그것이 한 개일 때는 바로 3차원 공간의 파동인데, 두 개 이상인 때에는 형식적으로는 파동으로서 취급할 수 있지만 이것은 3차원 공간에 있어서의 파동이 아니고 그대로 상대론적인 형식으로 4차원 시공에 있어서의 형식으로 이행시킬 수는 없다. 그리고 전자가 창생, 소멸하는 것은 대단히 높은 에너지일 때이며, 따라서 상대론적으로 취급되어야 한다.

양자역학에 의해 충족되지 못한 이러한 요청에 대응하는 것이 장양자론이다. 즉 양자역학적으로 다체문제(多休問題)를 상대론적으로 취급하기 위해 창조된 것이 장양자론이다.

디랙의 방정식

장양자론에 들어가기 전에, 전자에 대한 슈뢰딩거의 파동 방정식을 상대론적인 형식으로 확장할 필요가 있다. 1928년, 디랙에 의해 제출된, 이른바 디랙의 방정식을 살펴보겠다.

〈그림 185〉 디랙

디랙의 방정식에서는 전자를 상대론적으로 취급함으로써 자동적으로 스핀이 도입되고, 또한 마이너스의 에너지($\leq -mc^2$) 상태까지 나타난다[스핀 1/2의 소립자는 이에 의해서 기술(記述) 되는 것으로 간주 된다].

전자의 비상대론적인 취급에서는 스핀은 이론의 필연적인 요청이 아닌, 실험을 설명하기 위해 부과된 것에 지나지 않는다.

그러면 마이너스 에너지 상태는 어떻게 해석해야 할까? 만일 마이너스 에너지 상태가 비어 있다면 플러스 에너지 상태에 있는 전자는 불안정하여 전자기파를 방출하고 에너지가 보다 낮은 마이너스 에너지 상태로 떨어져 버린다. 물론 전자는 파울리의 배타원리에 따라서 하나의 상태에는 단지 한 개밖에 들어가지 못한다. 그래서 진공이란 마이너스 에너지의 상태가 모두 전자로 점유된 것이라고 가정해 보자.

만일 마이너스 에너지($\leq -mc^2$) 상태에 있던 전자가 외부로부터 에너지($\leq 2mc^2$)가 주어지고 플러스 에너지($\leq +mc^2$)의 상태로 양자비약 했다고 하면 나중에는 마이너스 에너지 상태의 공석, 즉 구멍이 남을 것이다. 이 구멍은 양전하와 플러스 에너지를 갖는 입자와 같이 행동한다고 예상된다. 왜냐하면 구멍과 마이너스 에너지의 전자를 합친 것이 전기적 중성으로 에너지가 0인 진공이 되어 있기 때문이다. 이것이 이른바 홀(정공) 이론이다.

이 입자는 반전자 또는 양전자라고 불리고, 그 질량(스핀)은

220

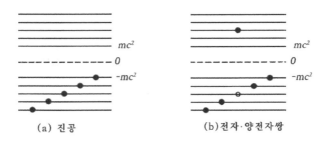

(a) 진공　　　　　　　(b) 전자·양전자쌍

〈그림 186〉 정공(홀) 이론

전자와 서로 같다. 전하는 앞에서 설명한 것 같이 전자와 등량으로 마찬가지로 전기소량(電氣素量)과 같지만 부호는 반대인 플러스이다.

그리고 전자와 양전자와는 쌍이 되어 소멸하고 두 개 또는 세 개의 광자를 창생하며, 또 광자는 소멸하여 전자와 양전자와의 쌍을 창생한다.

양전자는 1932년 엔더슨(Carl David Anderson, 1905~1991)에 의하여 우주선 속에서 발견되었다.

이 정공(正孔) 이론과 마찬가지 이론은 물성론에서도 응용되고 있다. 이를테면, 트랜지스터로 사용되는 반도체에서도 전자가 부족한 구멍을 양전하의 입자로 간주하여 취급한다.

장의 양자화

전자기장이나 전자장은 각각 맥스웰의 방정식이나 디랙의 방정식에 따라 파동으로 되어 공간을 전해 퍼져 나간다. 즉 장의 진동이 공간을 차례로 퍼져나가는 것이다. 공간의 각 점에 있어서의 장은 일종의 조화 진동자로 간주할 수 있다.

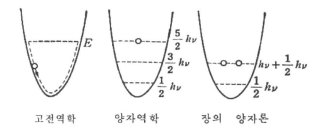

고전역학   양자역학   장의 양자론

〈그림 187〉 조화 진동자의 에너지 준위와 입자의 개수

고전론에서의 조화 진동자는 어떤 값의 에너지라도 연속적으로 취할 수 있지만, 양자론에서는 16장 〈수식 16-18〉 $E = \left(n + \dfrac{1}{2}\right)h\nu$로 주어지는 불연속한 에너지 값밖에는 취할 수 없고, 그리고 각 에너지 준위의 차는 모두 $h\nu$와 같다. 따라서 영점 에너지를 별도로 치면 $nh\nu$는 진동자가 n번째의 에너지 준위에 있다고 해석해도 되고 $h\nu$의 에너지입자가 n개 있다고 고쳐 해석할 수도 있을 것이다.

그렇게 되면 진동자의 진동이 한 점에서부터 다음 점으로 전해 나간다는 것은 입자가 한 점에서 소멸하고, 다음 점에서 창생된다는 것을 의미한다. 이리하여 전자기파나 전자파는 각각 광자나 전자의 흐름이라 간주할 수 있다. 이것을 장의 양자화(量子化)라고 한다.

양전자의 파동은 플러스 에너지를 가진 전자의 반입자로서 양자화된다.

그리고 광자스핀은 1, 전자, 양전자 스핀은 1/2이라고 해야 한다.

장의 입자상

장 이론은 공간의 각 장소에 주목하여 거기서의 물리량의 시간적 변화를 설명한다. 그에 대하여 입자의 역학은 어떤 물리량이 0과 다른 장소에 주목하여 그 장소의 이동을 설명한다. 나중 관점이 가능하게 되는 것은 에너지나 전기량 등이 공간의 각 점에서 0이거나 또는 각 소량밖에 취하지 않기 때문이다. 즉 장을 양자화함으로써 입자상이 얻어진다.

전광게시판을 떠올려 보라. 각 전구에 주목하여 그 점멸의 시간적 변화를 설명하는 것이 장 이론이며, 전구가 켜지는 시간과 더불어 이동해가는 것을 쫓는 것이 입자역학이다.

양자역학에 있어서는 좌표는 관측되는 양이었는데 장양자론에 있어서는 각 점에 있어서 장 ψ가 관측되는 양이며 좌표는 장을 지정하는 역할을 하는데 지나지 않는다. 양자역학에 있어서 상태는 각 점에 있어서 장의 양을 줌으로써, 즉 파동함수 ψ를 좌표 (x, y, z)의 함수로서 줌으로써 결정되는데 장의 이론에 있어서 상태 Ψ는 그것을 공간의 각 점에 있어서 장의, 따라서 연속 무한개의 장함수로서 결정된다.

두 개의 광자, 두 개의 전자는 구별할 수 없다

장의 첫머리에서 설명한 것 같이 장양자론은 본래 다체(多休) 문제를 다루려는 것이므로, 여기서 광자나 전자의 모임에 대해 고찰해 보자.

일상 속 우리 주변에 있는 물체, 이를테면 두 개의 콩은 그것들이 아무리 닮았더라도 서로 구별할 수 있다. 그러나 두 개의 광자, 또는 두 개의 전자는 서로 구별할 수 없다. 이것은 둘이 너무 닮아 식별할 수 없다는 의미가 아니고, 원리적으로 구별할 수 없다는 의미이다.

다시 한 번 전광게시판을 떠올려 보자. 지금 두 곳의 전구가 켜져 있다가 그것들이 꺼지면 곧 옆 전구가 켜지면서 순차적으로 발광점이 이동해 가고, 일단 한 전구와 겹쳐져서 그것을 두 배 밝기로 발광시키고 다시 둘로 나눠져 갔다고 하자. 그때 나눠져 간 두 광점은 그중 어느 쪽이 겹치기 전의 어느 것에 해당하는가를 우리는 판별할 수 없고, 판별하려는 자체도 의미가 없을 것이다.

스핀과 통계

『물리학의 재발견(상)』 9장 「자연은 확률성을 찾아 진행된다」에서 설명한 것 같이 두 가지 상태 A, B에 이번에는 두 개의 콩, 두 개의 광자, 두 개의 전자가 각각 어떻게 들어가는지 알아보자.

먼저 콩의 경우, 〈그림 188〉의 (a)와 같이 들어가는 방식은 네 가지가 있을 것이다. 그러나 광자의 경우, 어느 쪽 광자가 어느 상태에 있는지가 원리적으로 구별될 수 없으므로 〈그림 188〉의 (b)와 같이 들어가는 방식은 세 가지일 것이다. 그리고 전자인 경우는 어느 전자가 어느 상태에 있는가는 원리적으로 구별이 되지 않는데다가 파울리의 배타원리에 의하여 하나의 상태에 단지 하나밖에 들어가지 않으므로 〈그림 188〉의 (c)와 같이 들어가는 방식은 한 가지밖에 없을 것이다.

전광게시판에 대해 말하자면, 어느 정해진 두 개의 전구를 켜는 방식은 이것들은 같은 밝기이므로 한 가지밖에 없다. 그

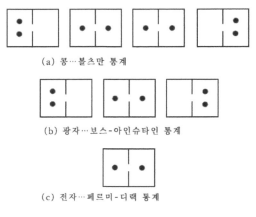

(a) 콩…볼츠만 통계

(b) 광자…보스-아인슈타인 통계

(c) 전자…페르미-디랙 통계

〈그림 188〉 스핀과 통계

러나 만일 이들 두 장소에 두 개의 사과를 놓는다면 어느 사과
를 어느 장소에 두는지에 관한 두 가지 방식이 있다.

　이렇게 두 개의 입자가 두 가지 가능한 상태에 들어갈 때 이
두 입자계를 서로 구별할 수 있는 상태의 수는 각각 콩의 경우
는 넷, 광자의 경우는 셋, 전자의 경우는 하나이다. 계가 다른
상태수를 세는 이 세 가지 방식은 각각 볼츠만(Boltzmann) 통계,
보스-아인슈타인(Bose-Einstein) 통계, 페르미-디랙(Fermi-Dirac)
통계라고 불린다.

　일반적으로 스핀이 h를 단위로 하여 정수 값을 갖는 소립자
는 보스-아인슈타인 통계에 따르고, 반정수 값을 갖는 소립자
는 페르미-디랙 통계에 따른다. 그리고 각각 보스입자(Boson),
페르미입자(Fermion)라 불린다. 이를테면 중력파를 양자화하여
얻어지는 중력자(Graviton)는 스핀 2의 보스입자이다.

　이를테면 물성론에서도 결정격자의 열진동을 양자화하여 음

자(音子, Phonon)로서 다루지만 이것도 보스-아인슈타인의 통계에 따른다. 이러한 양자는 소여기(素勵起), 또는 의입자(擬粒子)라고 불린다.

그런데 앞서의 고찰에서 밝혀진 것 같이 두 입자가 같은 상태로 들어가는 확률은 볼츠만 통계에서는 1/2, 보스-아인슈타인 통계에서는 2/3, 페르미-디랙 통계에서는 0이다. 따라서 페르미-디랙 통계는 입자가 떨어지도록 작용하고, 보스-아인슈타인 통계는 입자를 모이도록 작용한다.

이를테면, 백색왜성이 그 자체의 무게를 지탱하여 그 크기를 유지하고 있는 것은 전자가 페르미-디랙 통계에 따르는 것은 일종의 반발력으로서 작용하기 때문이며, 그런데도 견디지 못하여 전자가 양성자에 파고들어 중성자만으로 구성되고 있는 중성자별도 중성자가 역시 페르미-디랙 통계를 따르므로 그것이 반발력과 같이 작용하여 더 작게 일그러지는 것을 방지하고 있다.

양자전자공학

전자기장과 전자장과의 상호작용을 양자론적으로 다루는 것이 양자전기역학(量子電氣力學)이다. 이것은 1940년대에 도모나가(朝永振一郞, 1906~1980), 슈윙거(Julian Seymour Schwinger, 1918~1984), 파인만(Richard Phillips Feynman, 1918~1988) 등에 의해 그 정식화가 완성되고 초다시간 이론(超多時間理論)이라고도 불린다.

이를테면, 감마선에 의한 전자-양전자의 쌍창생은 〈그림 189〉의 (a)와 같이 표시된다. 파동상(波動像)을 사용하면 이 과

226

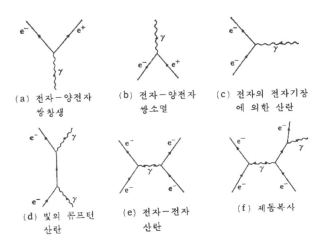

〈그림 189〉 전자기장과 전자장과의 상호작용

정은 다음과 같이 설명될 것이다. 전자기장의 진동자 진동이
순차적으로 전파되어 어느 한 점에서 전자기장의 진동자는 그
에너지를 전자장(電子場)과 양전자장과의 진동자에 주어서 스스
로는 진동을 멎고, 그 후는 전자장과 양전자장과의 진동자의
진동이 차례차례 전해 퍼져 나간다. 또 이것은 입자상(粒子像)을
사용하면 다음과 같이 설명될 것이다. 진행해 온 광자가 어느
한 점에서 소멸하고 그 점에서 전자와 양전자와의 쌍이 창생된다.

일반적으로 어떠한 상호작용 과정에 있어서도 에너지, 운동
량, 각운동량(궤도와 스핀을 합쳐), 전기량 등이 보존된다는 것은
말할 것도 없다.

다른 보기로서 전자-양전자의 쌍소멸은 〈그림 189〉의 (b), 전
자의 전자기장에 의한 산란은 (c), 빛의 콤프턴 산란은 (d), 전자
전자산란은 (e), 제동복사는 (f)로 표시될 것이다. 이들 과정의

파동상, 입자상에 의한 설명도 앞에서 설명한 쌍창생의 경우와 꼭 같다.

결국 공간은 전자기장이나 전자장의 진동자로 충만하므로 그것들의 진동자가 최저상태에 있는 것이 진공이다. 즉 진공상태라도 전자기장이나 전자장은 잠재하고 있는 것이어서 에너지나 운동량 등이 주어지면 그것들은 분명한 형태로 관측가능한 상태가 된다고 생각해야 한다.

양자 전기역학에 있어서 전자의 자기 에너지

그러면 양자론에서는 전자의 자기(自己) 에너지 문제는 어떻게 되는가? 양자론에서는 전자의 자기 에너지는 〈그림 190〉과 같은 전자가 가상적으로 광자를 방출, 흡수하는 과정에 의해 생긴다고 생각된다. 즉 전자는 벌거벗지 않았고, 전자기장이라는 옷을 입고 있다. 이 과정이 가능하게 되는 것은 불확정성 관계 $\Delta t \Delta E \sim h$에 의하여 Δt 정도의 시간 동안은 에너지에 ΔE 정도의 불확정성이 허용되기 때문이다. 그리고 이 과정을 분석하면 자기 에너지는 네 가지 기원(起源)을 갖는다는 것을 알 수 있다.

양자론에서도 정전적(靜電的)인 자기장(自己場)에 의한 자기 에너지는 고전론과 똑같고, 13장의 〈수식 13-8〉과 같이 $e^2/8\pi\varepsilon_0 a$로 주어지고 전자의 반지름 a를 0으로 해가면 1/a 정도에서 발산하여 무한대가 된다.

또 전자는 스핀을 갖기 때문에 자석처럼 행동하므로 자기적인 자기장(自己場)에 의한 것이나, 전자의 운동에 수반하는 전기적인 자기장에 의한 것도 생각해야 하는데, 그보다 중요한 것은

〈그림 190〉 전자의 자기 에너지

전자기장의 영점진동과의 상호작용에 의한 자기 에너지이다.

영점진동과의 상호작용

앞서 16장에서 설명한 것처럼 조화 진동자는 제일 에너지가 낮은 상태라도 영점 에너지를 갖고 영점진동을 하고 있다. 전자기장은 조화 진동자의 모임이라고 간주되므로 전자기장은 진공에서도 영점진동을 가지며, 그것에 의해 전자가 진동되어 진동 에너지를 가지게 된다. 이 자기 에너지를 그 원줄기를 잃지 않도록 계산을 간단화해서 구해보자.

지금 전자를 한 모서리의 길이가 a인 육면체와 근사하다고 가정해 보자. 전자기파의 영점진동 중 파장이 보다도 상당히 짧은 것은 이 부피 속에서 몇 번이나 진동하기 때문에 그 효과는 상쇄되어 전자를 진동시키는 힘이 되지 못할 것이다. 파장이 a 보다도 상당히 긴 것은 진동수가 작기 때문에 전자를 천천히 진동시키고 그것에 의해 전자가 갖는 에너지는 작다. 결국 영점진동 중 파장이 a 정도가 되는 것이 가장 크게 기여하게 된다.

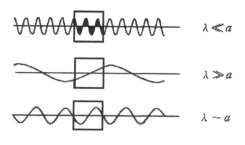

$\lambda \ll a$

$\lambda \gg a$

$\lambda \sim a$

〈그림 191〉 영점진동과의 상호작용

즉 $\lambda \sim a$, $\nu = c/\lambda \sim c/a$의 영점진동에 대해서 생각하면 된다.

그런데 전자기장의 에너지 밀도는 그 전기장, 자기장의 제곱 평균을 각각 $\overline{E^2}$, $\overline{H^2}$이라고 하면 12장의 〈수식 12-18〉, 〈수식 12-20〉에 의하여 $\frac{1}{2}(\epsilon \overline{E^2} + \mu \overline{H^2})$ 라고 주어진다. 전자기파에 대해서는 평균전기장의 에너지와 평균자기장의 에너지와는 같으므로 에너지 밀도는 $\epsilon \overline{E^2}$ 라고 두어도 될 것이다.

따라서 전자부피 속의 에너지는 $\epsilon \overline{E^2} \cdot a^3$이 된다. 이것이 영점 에너지와 같을 것이므로 $\epsilon \overline{E^2} \cdot a^3 \sim \frac{1}{2} h\nu \sim hc/2a$, $\overline{E^2} \sim hc/\epsilon$ a^4가 되어 평균 전기장의 세기는 $\sqrt{\overline{E^2}} \sim \sqrt{hc}/\sqrt{\epsilon} a^2$ 정도로 구해진다.

따라서 전기장은 전자에, 크기가 $f = e\sqrt{\overline{E^2}} \sim e\sqrt{hc}/\sqrt{\epsilon} a^2$ 정도의 힘을 진동적으로 작용시킨다. 이 힘에 의한 가속도의 크기는 $f/m \sim e\sqrt{hc}/\sqrt{\epsilon} ma^2$ 정도이며 4분의 1주기 $T/4 = 1/4\nu = \lambda/4c \sim a/c$ 정도 사이에 전자가 얻을 수 있는 속도의 크기는 가속도의 크기와 시간과를 곱하여 $v \sim (e\sqrt{hc}/\sqrt{\epsilon} ma^2) \cdot (a/c) = e\sqrt{h}/\sqrt{\epsilon} m\sqrt{c} a$ 정도가 된다. 따라서 전자

의 운동 에너지는 $\frac{1}{2}mv^2 \sim m \cdot e^2h/\varepsilon m^2ca^2 = e^2h/\varepsilon mca^2$ 정도로 유도된다.

즉 전자기장의 영점진동에 의한 전자의 자기 에너지는

$$W \sim \frac{e^2h}{\varepsilon mca^2} \quad \cdots\cdots\cdots \quad \langle 수식\ 17\text{-}1 \rangle$$

가 되어, 이것은 전자의 크기 값을 0으로 하면 $1/a^2$로서 무한대가 되어 정전적인 자기 에너지보다도 강하게 발산한다.

발산의 곤란

진공에 있어서도 전자-양전자쌍이 끊임없이 가상적으로 창생, 소멸하고 있다는 것을 고려하기로 하자. 그래서 전자가 한 개 들어오면 공간의 그 점에는 파울리의 배타원리에 의하여 전자-양전자쌍 중에서 전자 쪽은 올 수 없고 옆으로 밀쳐진다. 거기에는 양전자만이 남아 들어온 전자가 존재하는 점에서는 전하는 합쳐서 0이 되는데, 그 대신 밀쳐진 전자에 의해 그 부근에 음전하가 나타나며, 전체로서는 들어온 전자의 전하가 확대한 것 같이 된다(〈그림 192〉 참조).

그 때문에 전자의 자기 에너지의 발산 정도는 약해져서 대수(對數)로 발산하게 된다. 이것은 $1/a$보다도 무한대가 되는 경향이 약하다.

그러나 현재의 장양자론에서는 전자나 광자는 크기를 갖지 않는 점으로 취급되고 있으므로, 어쨌든 발산의 곤란은 해결되지 않는 채로 남는다.

상대론적으로, 즉 4차원적으로 말하면, 발산은 가상적인 상

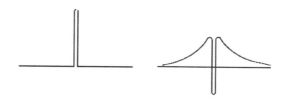

〈그림 192〉 가상적 전자-양전자쌍에 의한 전자 전하의 확장

태에 있는 입자(전자와 광자)의 빛원뿔에 따르는 전파로부터 일
어난다. 왜냐하면 $a = \sqrt{x^2 + y^2 + z^2} = 0$은 3차원적으로 자기
자신과의 거리가 0이라는 것이며, 그것은 4차원적으로는
$s = \sqrt{c^2 t^2 - x^2 - y^2 - z^2} = 0$, 즉 빛원뿔에 따르는 전파에 상당
하기 때문이다.

그래서 전자의 전자기 에너지를 ΔE로 하고 $\delta m = \Delta E / c^2$이라
고 놓으면 양자 전기역학에서는 전자질량은 언제나 $m + \delta m$이
라는 조합으로 나타낼 수 있다. δm은 무한대이지만, 지금 $m +$
δm을 질량의 실험값으로 바꿔 놓으면 그 외에는 모순이 없는
이론체계를 수립할 수 있다. 이것을 재규격화 이론(再規格化理論)
이라고 한다.

물론 재규격화 이론은 발산의 곤란을 해결한 것은 아니다.
이것은 현재의 소립자론에 있어서 가장 기본적인 문제이어서
이 책에서는 18장에서 다시 거론하게 될 것이다.

또, 자기장(自己場)의 반작용은 직접 관측되는 효과도 초래한
다. 수소원자의 에너지 준위는 쿨롱장과 전자의 상대론적인 취
급만으로는 정확하게 구할 수 없고, 전자에의 자기장의 반작용
을 고려함으로써 비로소 작은 편위(偏位)를 설명할 수 있다. 이

것은 램 이동(Lamb Shift)이라고 불리고 있다.

진공편극

〈그림 193〉과 같이 광자가 가상적으로 전자-양전자쌍이 되는 과정도 고려해야 한다. 이것은 진공편극(眞空偏極)이라고 한다.

광자에 이러한 과정을 넣으면 광자를 교환하여 상호작용하는 전자는 그 전하가 감소한 것 같은 효과가 초래된다. 그러나 그 감소하는 값은 무한대이다.

지금 진공편극에 수반하는 전하를 δe라고 하면 양자전기역학에서는, 전하는 언제나 $e+\delta e$라는 조합으로 나타난다. 그래서 δe는 마이너스로 무한대이지만, 질량과 마찬가지로 재규격을 실시하여 $e+\delta e$를 전하의 실험값으로 바꿔칠 수 있다.

이렇게 전하가 실질적으로 감소하는 효과는 평행판 콘덴서에 유도체를 넣었을 때에 일어난 것을 기억하자(13장 참조). 그리고 그때 진공 역시 일종의 유도체라고 간주하고 진공편극을 생각한 것이다.

또 진공 이론에 의하면, 진공편극은 마이너스 에너지의 전자에 의해 충만된 진공이 전기장이 걸림으로써 음전하를 가진 전자와 양전하를 가진 정공으로 편극된다고 생각할 수도 있을 것이다.

원자핵

지금까지 원자의 구성요소인 전자나 그것과 상호작용하는 광자에 대하여 의론해 왔다. 다음으로 원자핵에 대하여 고찰해보자.

원자핵은 양성자와 중성자로 구성되어 있다. 중성자는 1932

〈그림 193〉 진공편극

년에 발견되어, 질량은 양성자와 거의 같고, 스핀도 양성자와 같은 1/2인데, 전기적으로는 중성입자이다. 양성자와 중성자를 총칭하여 핵자(核子)라고 불린다.

각 원자핵은 양성자수와 중성자수로 구분된다. 원자는 전체로서 전기적 중성이므로 양성자수는 원자핵 주위의 전자수와 같고, 따라서 원자번호와 같다. 또 원자질량은 거의 원자핵에 집중되어 있고, 원자핵의 질량은 양성자수와 중성자수에 의해 결정되고 이것들의 합을 질량수(質量數)라고 한다.

또 원자핵의 질량이 그것을 구성하는 양성자, 중성자 질량의 합보다 작아져 있다는 것은 앞서의 14장에서 논의한 바와 같다.

원자핵에 포함되는 양성자수와 같은데도 중성자수가 다른 원소도 존재한다. 이렇게 원자번호는 같고 질량수가 다른 원소를 서로 동위원소(Isotope)라고 불린다. 이것은 주기율표에서 같은 위치를 차지하는 원소라는 의미로서 그리스어의 이소스(같다)와 토포스(장소)로부터 만들어진 말이다. 원소의 화학적 성질은 전자수로 결정되고, 전자수는 중성자수에는 의존하지 않고 양자수와 같기 때문이다.

그래서 원소 종류는 원소기호의 왼쪽 아래에 원자번호 Z, 오른쪽 위에 질량수 A를 붙여 $_Z E^A$와 같이 표시된다. 이를 테면, 헬륨은 $_2He^4$, 탄소는 $_6C^{12}$, $_6C^{13}$, 산소는 $_8O^{16}$, $_8O^{17}$, $_8O^{18}$, 우라늄은 $_{92}U^{235}$, $_{92}U^{238}$로 표시한다. 다만, 수소만은 예외로서 동위원소마다 기호를 바꾸어 $_1H^1$, $_1D^2$, $_1T^3$라고 표시한다.

그러면 원자핵을 질량수와 같은 개수의 양성자와, 질량수와 원자번호와의 차와 같은 개수의 전자로 구성되어 있다고 생각할 수는 없을까?

불확정성 관계 $\Delta x \Delta p \sim h$(〈수식 16-16〉), 따라서 $\Delta x \cdot m \Delta v \sim h$에 의하면 $\Delta v \sim c$라고 선정했어도 전자질량이 작기 때문에 그 위치의 불확정성 $\Delta x \sim h/mc$는 2.4×10^{-10}㎝가 되고 원자핵의 크기 10^{-12}㎝를 훨씬 넘어버린다. 또 h/mc로 표시되는 양은 콤프턴 파장이라고 불린다.

일반적으로 무거운 원자핵은 불안정해서 알파선(α), 베타선(β), 감마선(γ) 따위의 방사선을 방출하고 붕괴하여, 차츰 안정한 원자핵에 가까워진다. 원자핵의 이러한 방사선을 방출하는 능력을 방사능(放射能)이라고 한다.

알파선은 고속(광속도의 10분의 1 정도)을 가진 헬륨원자핵 $_2He^4$의 흐름이다. 따라서 알파붕괴하면 원자번호는 2, 질량수는 4가 저하한다. 베타선은 고속(광속도의 수분의 1 정도)의 전자흐름이다. 앞에서 설명한 것 같이, 알파입자와는 달라 전자는 원자핵에는 포함되어 있지 않다. 중성자가 양성자와 전자와 반중성미자(전자에 수반하는)로 붕괴하여,

$$n \rightarrow p + e^- + \overline{\nu_e} \quad \cdots\cdots\cdots\cdots \quad \langle \text{수식 17-2} \rangle$$

양성자는 핵에 남고 전자와 반중성자가 방출된다(8장 참조). 따라서 베타붕괴를 하면 원자번호는 하나 오르고 질량수는 변하지 않는다. 감마선은 12장의 표에도 보인 것 같이 X선보다도 파장이 짧은 전자기파이다.

하전스핀

양성자와 중성자는 질량이 거의 같고, 스핀도 같이 1/2이다. 다만 전기적으로 플러스 전기를 띠고 있는지 중성인지의 여부가 다르다. 즉 전자기적인 상호작용을 도입하지 않는 한, 이것들을 구별할 수 없다고 해도 될 것이다. 그렇다면 양성자와 중성자와는 같은 것의 다른 상태라고 생각해 보자. 이러한 상태를 구별하는 데에는 스핀과 유추적으로 하전스핀(荷電 Spin)이라는 물리량을 도입한다.

스핀은 3차원 공간에 있어서 자전(自轉)의 각운동량이라고 생각되고, 그 크기도 어떤 방향의 성분도 플랑크의 상수 $\hbar$를 단위로 하여 그 정수배 또는 반정수배인 값만이 허용된다. 따라서 양성자나 중성자와 같이 스핀 1/2인 입자는 그 어느 방향의 성분이―보통 그것을 z방향으로 선정하므로, 따라서 제3성분이―1/2인가 -1/2인가의 두 가지 상태, 즉 우회전이나 좌회전의 상태만을 취할 수 있다.

보통의 공간과는 달리 가상적인 3차원 공간을 도입하여, 거기에서의 자전을 하전스핀이라 부르고, 이 공간을 하전 공간이라 부르자. 그리고 핵자는 하전스핀 1/2이며, 그 제3성분이 1/2, -1/2인 상태가 각각 양성자, 중성자에 해당한다고 생각하자. 그때 전하 Q와 하전스핀 I의 제3성분 I_3과의 관계는 $Q=I_3$

+1/2로 주어진다.

이렇게 생각할 때, 양성자와 중성자와는 하전스핀에 관하여 이중항(二重項)을 만들고 있다고 한다.

중간자

그런데 이들 양성자나 중성자는 어떻게 하여 원자핵이라는 극히 좁은 범위(1조분의 1㎝)에서 결합되어 있을까? 이 의문에 답한 것은, 1935년 유가와(湯川秀樹, 1907~1981)에 의하여 제출된 중간자론(中間子論)이다.

이미 설명한 것 같이, 대전입자는 그 주위에 전자기장을 수반하고 있고, 바꿔 말하면 가상적으로 광자를 방출하든가, 흡수하고 있고, 대전입자끼리 접근하면 서로 광자를 교환하여 상호작용한다. 이것과 유추적으로, 핵자는 중간자장을 수반하고 있고, 바꿔 말하면, 중간자를 방출하든가 흡수하고 있고 핵자끼리 접근하면 서로 중간자를 교환해서 상호작용하여 핵력이 작용한다(그림 195).

원자핵의 크기에 따라서 핵력이 미치는 범위가 10^{-12}㎝라는 아주 짧은 거리라는 것은, 중간자가 광자와는 달라 질량을 가지고 있다는 것을 의미한다. 가벼운 공을 서로 주고받는 것은 먼 거리라도 상관없지만, 무거운 공으로는 가까운 거리가 아니면 어렵다.

콤프턴 파장 $h/m_\pi c$를 써서 생각하면, 이 거리가 10^{-12}㎝ 정도이기 위해서는 중간자 질량 m_π는 전자 질량 m_e의 200~300배 정도로 추정된다.

또는 불확정성 관계표 $\Delta t \Delta E \sim h$(《수식 16-17》)을 사용하면

〈그림 194〉 유가와

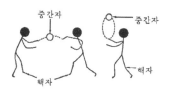

〈그림 195〉 중간자와 핵력

핵자 에너지의 불확정성이 $m_\pi c^2$ 정도가 되어 가상적인 중간자가 존재할 수 있는 시간은 $\Delta t \sim h/m_\pi c^2$ 정도이다. 따라서 중간자는 이 시간 내에 $c \times h/m_\pi c^2 = h/m_\pi c$ 정도의 거리까지 도달할 수 있다.

일반적으로 소립자는 불확정성 원리에 의해서 그것과 상호작용하는 소립자장을 수반한다. 즉 소립자는 벌거벗지 않았고 옷을 입고 있는 것이다. 따라서 측정되는 질량은 옷을 입은 소립자의 질량인 것이다.

이 중간자는 1947년에 그 존재가 확인되어 현재 파이중간자(π, Pion)라고 불린다. 파이중간자에는 플러스, 마이너스의 전기소량과 같은 전기를 띤 것과 중성의 것이 있고, 그 질량은 예상된 것과 같이 전자의 약 270배, 스핀은 0이다. 중간자라는 이름도 그 질량이 전자와 양성자의 중간에 있다는 것에 유래하고 있다.

중간자장은 클라인-고든(Klein-Gordon) 방정식에 따른다. 이 방정식은 맥스웰의 방정식을 질량이 있는 경우로 확장한 것이라고 해도 될 것이다.

하전 독립성

또 파이중간자는 (+), (−), 0의 삼중항을 만들고 있으므로 그 하전스핀은 1, 따라서 그 제3성분은 1, 0, −1이라고 하면 될 것이다. 그리고 전하 Q와 하전스핀의 제3성분 I_3와의 관계는 $Q=I_3$로 주어진다.

핵자와 파이중간자에 대해서는 그것들 사이에서만 상호작용을 생각하는 한 양성자와 중성자, 음양, 중성 세 종류의 파이중간자는 각각 대등하며 하전의 상위는 전혀 나타나지 않는다. 이것을 하전 독립성(荷電油立性)이라고 한다. 이를테면 양성자-중성자, 양성자-양성자, 중성자-중성자 사이의 핵력은 이들 2입자계의 상태가 같으면 모두 동등한 것이다.

이러한 하전 독립성은 이 상호작용이 하전 공간 방향에 의해 다른 성질을 나타내지 않는다는 것, 즉 하전 공간에 있어서 등방적(等方的)이라는 것을 의미하고 있다. 따라서 이것은 하전 공간에 있어서 회전—SO(3)이라 표시한다—에 관하여 불변이 되어 있다.

바꿔 말하면, 이 상호작용에 의한 과정에서는 하전스핀도 그 제3성분도 보존된다. 공간의 등방성이 각운동량의 보존에 의해 표현된다는 것은 『물리학의 재발견(상)』 7장 「운동량의 보존과 공간의 균질성」에서 설명한 바와 같다.

전자기적 상호작용도 포함시키면 핵자의 2중항, 파이중간자의 3중항은 분리되고 질량의 차도 생긴다.

파이중간자와 뮤중간자

예를 들면 파이중간자는 다음과 같은 반응에 의해 창생된다.

$$p + p \nearrow \begin{matrix} p + n + \pi^+ \\ \\ p + n + \pi^0 \end{matrix}$$
·········· 〈수식 17-3〉

핵자에 의한 파이중간자의 산란

$$p + \pi^+ \longrightarrow p + \pi^+$$ ·········· 〈수식 17-4〉

$$p + \pi^- \nearrow \begin{matrix} p + \pi^- \\ \\ p + \pi^0 \end{matrix}$$

도 기본적인 과정의 하나이다.

그리고 하전 파이중간자는 수명 약 10^{-8}(1억분의 1)초로 붕괴하고 뮤중간자와 중성미자가 된다.

$$\pi^+ \rightarrow \mu^+ + \nu_\mu, \quad \pi^- \rightarrow \mu^- + \overline{\nu_\mu}$$ ·········· 〈수식 17-5〉

뮤중간자(μ, Muon)는 1936년에 우주선 속에서 발견된 것이다. ν_μ는 뮤중간자에 수반하는 중성미자이며, 전자에 수반하는 중성미자 ν_e와는 구별된다.

중성미자는 1953년쯤부터 실험적으로도 그 존재가 인정되게 되었다. 중성미자가 전자에 수반되는 것과 뮤중간자에 수반되는 것의 두 종류가 있다는 것이 밝혀진 것은 1962년 무렵부터이다.

또 중성 파이중간자는 수명 약 10^{-16}초로서 두 개의 감마선으로 붕괴한다.

240

〈그림 196〉 파이중간자 붕괴의 건판사진

$$\pi^0 \to 2\gamma \quad \cdots\cdots\cdots \quad \text{〈수식 17-6〉}$$

뮤중간자에는 음양으로 대전한 것이 있고, 질량은 전자의 약 200배, 스핀은 1/2이다. 수명은 약 10^{-6}(100만분의 1)초로서 파이중간자보다도 100배 정도 길고, 붕괴하여 음양 전자와 두 종의 중성미자가 된다.

$$\mu^+ \to e^+ + \nu_e + \overline{\nu_\mu}, \ \mu^- \to e^- + \overline{\nu_e} + \nu_\mu \quad \cdots\cdots \quad \text{〈수식 17-7〉}$$

소립자

자연계를 구성하는 궁극적인 요소는 소립자(素粒子)라고 불린다. 그리고 자연계의 모든 현상은 소립자의 상호작용에 의하여 일어난다. 전자, 양전자, 광자, 양성자, 중성자, 음양중성, 파이중간자, 음양뮤중간자, 중성미자와 반중성미자(각각 전자에 수반하는 것과 뮤중간자에 수반하는 것) 등의 소립자나 그것들의 상호작용에 대해서는 이미 고찰하였다. 소립자는 상호작용에 의하여 창생하고 소멸하는 것을 본성으로 한다.

장 이론으로서 설명한다면, 물리 공간은 여러 가지 소립자의 장이며 그것들의 진동자의 집합이다. 각 장은 파동으로서 관측되는데, 관측되지 않을 때도 일종의 평형 상태로서 흔들림을 가지면서 장은 잠재하고 있는 것이다. 이들 장은 상호작용에 의 하여 에너지나 운동량 등을 수수하여 각각 적당한 조건이 충족된다면 잠재적인 평형상태로부터 현재적(顯在的)인 진동상태로 이동하고, 또는 거꾸로 진동상대로부터 평형상태로 시동하여 창생, 소멸하는 것이다.

전광게시판으로 비유한다면, 그 각 점에는 여러 가지 색의 전구가 장치되어 있어야 한다. 적색 전구가 켜 있는 점과 청색 전구가 켜져 있는 점이 순차적으로 이동하다가 어떤 점에서 겹치면 거기서부터는 보라색 전구가 켜지는 점이 이동하는 것이다.

소립자와 그것들의 상호작용의 분류

1947년쯤부터 처음에는 우주선에서, 후에는 가속기에 의하여 새로운 소립자가 속속 발견되었다. 현재 소립자로 간주되는 것은 약 300종에 이르고, 또한 각각의 성질과 상호작용 사이에는 다양한 규칙성이 발견된다.

그들 소립자는 중입자(Baryon), 중간자(Meson), 경입자(Lepton), 광자(Photon)의 네 종류로 분류되는데 각각의 이름은 그리스어의 바류스(무거운), 메소스(중간의), 렙토스(엷은, 작은), 포스(빛)에

242

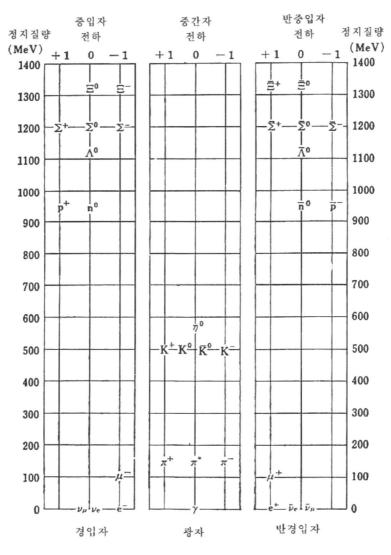

〈그림 197-1〉 소립자

	소립자	질량(MeV)	스핀(ℏ)	평균수명(초)	반입자
중입자	Ξ^-	1,321	1/2	10^{-10}	$\overline{\Xi}^+$
	Ξ^0	1,315	1/2	10^{-10}	$\overline{\Xi}^0$
	Σ^-	1,197	1/2	10^{-10}	$\overline{\Sigma}^+$
	Σ^0	1,192	1/2	$<10^{-14}$	$\overline{\Sigma}^0$
	Σ^+	1,189	1/2	10^{-10}	$\overline{\Sigma}^-$
	Λ^0	1,116	1/2	10^{-10}	$\overline{\Lambda}^0$
	n^0	940	1/2	10^3	$\overline{n}^0$
	p^+	938	1/2	안정	$\overline{p}^0$
중간자	η^0	549	0	10^{-16}	η^0
	K^0	498	0	$10^{-10},\ 10^{-8}$	$\overline{K}^0$
	K^+	494	0	10^{-8}	K^-
	π^+	140	0	10^{-8}	π^-
	π^0	135	0	10^{-16}	π^0
경입자	μ^-	106	1/2	10^{-6}	μ^+
	e^-	0.5	1/2	안정	e^+
	ν_e	0	1/2	안정	$\overline{\nu}_e$
	ν_μ	0	1/2	안정	$\overline{\nu}_\mu$
광자	γ	0	1	안정	γ

〈그림 197-2〉 소립자

244

유래한다.

중입자는 비교적 질량이 큰 반정수 스핀의 입자로서 핵자(N), 람다입자(Λ), 시그마입자(Σ), 크사이입자(Ξ), 오메가입자(Ω), 델타입자(Δ), 그리고 이것들의 반입자 등이 이 종족에 속한다. 중간자는 질량이 중위로서 정수 스핀을 가진 입자로서 파이중간자, 케이중간자(K), 이타중간자(η) 등이 이에 속한다. 경입자는 질량이 작고 반정수 스핀을 갖는 입자로서 전자, 그 반입자인 양전자, 마이너스 뮤중간자, 그 반입자인 플러스 뮤중간자, 두 종류의 중성미자와 반중성미자가 이에 속한다.

여기서 소립자의 일람표를 들어 둔다. 중입자, 중간자에 대해서는 안정, 준안정 입자만을 보였다. 그밖에 질량이 더 크고 높은 스핀을 가진 불안정 입자가 있다.

또한 소립자의 질량 단위에는 MeV(밀리언 일렉트론 볼트)가 많이 사용된다. 이것은 eV(일렉트론 볼트)의 100만 배이므로 1.6×10^{-6}에르그= 1.6×10^{-13}줄의 에너지와 같고, 질량으로 환산하면($E=mc^2$를 사용하여) 1.8×10^{-27}g이며 전자 질량의 2배보다도 작은 값이다. 또 GeV(기가 일렉트론 볼트, 제브라고 약칭한다)가 사용되는 일도 있는데 이것은 MeV의 1,000배이다.

소립자의 상호작용도 중립자와 중간자간의 강한 상호작용, 대전입자와 광자간의 전자기적 상호작용, 불안정한 입자붕괴를 일으키는 약한 상호작용, 그리고 만유인력에 의한 상호작용의 네 종류로 분류된다. 이들 상호작용의 세기에 대한 비는 대략 $1:10^{-2}:10^{-14}:10^{-38}$이다.

또 강한 상호작용을 행하는 것은 중립자와 중간자에 한정되는데 이들은 합쳐 강입자(Hadron)이라 부른다. 이 이름은 그리스어의 하드로스(강하다)에서 유래한다.

반입자

이러한 소립자의 성질이나 상호작용의 규칙성에 대하여 조금 더 자세히 알아보자. 이미 설명한 것 같이 양전자는 전자의 반입자이며, 둘은 쌍이 되어 소멸하고 광자는 창생된다. 마찬가지로 다른 입자도 각각 반입자를 가지고 있다. 이를테면 반양성자는 1955년에 발견되었는데, 그 질량과 스핀은 양성자의 것과 같다. 전하는 양성자의 것과 등량인데 부호는 반대인 마이너스이다. 그리고 반양성자는 양성자나 중성자와 쌍이 되어 소멸하고 고에너지를 가진 몇 개의 중간자를 창생한다.

일반적으로 하전입자와 그 반입자와는 서로 역부호의 전하를 가지고 있는데, 중성입자에도 반입자는 존재하고 그것 역시 중성이다. 이를테면 중성자의 반립자는 반중성자이며 역시 전하를 갖지 않는다.

경입자나 중입자만이 아니고 중간자나 광자에도 반입자가 존재한다. 플러스파이중간자, 플러스케이중간사의 반입자는 각각 마이너스파이중간자, 마이너스케이중간자이며 중성케이중간자의 반입자는 중성반케이중간자인데, 중성파이중간자, 이타중간자의 반입자는 각각 자기 자신이며, 또 광자의 반입자도 그 자신이다.

중입자나 중간자에 대해서는 입자와 반립자와는 하전스핀은 같은데 그 제3성분은 역부호라고 하면 된다. 그때 반핵자에 대해서는 전하와 하전스핀의 제3성분과의 관계는 $Q = I_3 - \dfrac{1}{2}$로 주어진다.

이러한 반입자의 존재로부터 곧 반물질의 존재를 예상할 수 있다. 이것은 물질의 구성요소의 입자를 모두 그 반입자로 바꿔 놓은 것이다. 이를테면 반양성자 주위를 양전자가 회전하고 있는 것이 반수소이다.

입자와 반입자는 모두 쌍으로 되어 소멸하기 전에 일시적으로 안정한 상태를 취하는 일도 있다. 이를테면, 전자와 양전자가 이중성처럼 회전하고 있는 상태가 존재하고, 이러한 계는 포지트로늄(Positronium)이라 불린다. 그 수명은 100만분의 1초 정도이다.

중입자수, 경입자수

람다입자는 핵자 이외로는 처음으로 발견된 중입자인데 그 창생과정은

$$p + \pi^- \to \Lambda^0 + K^0 \quad \cdots\cdots\cdots\cdots \quad \langle\text{수식 17-8}\rangle$$

이며 수명은 약 1^{-10}(100억분의 1)초로써

$$\Lambda^0 \nearrow \begin{array}{l} p + \pi^- \quad \cdots\cdots\cdots\cdots \quad \langle\text{수식 17-9}\rangle \\ \\ p + \pi^0 \end{array}$$

와 같이 붕괴한다.

이러한 중입자나 반중입자가 참여하는 여러 가지 소립자 반응을 고찰하면 중입자수에서 반중입자수를 뺀 값은 늘 보존되고 있다는 것을 알 수 있게 된다. 람다입자의 창생(〈수식 17-8〉)이나 붕괴(〈수식 17-9〉) 외에도, 지금까지 설명한 소립자 반응으로서는 중성자의 베타붕괴(〈수식 17-2〉), 파이중간자의 창

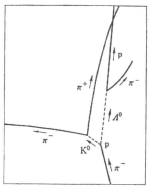

〈그림 198〉 람다입자-케이중간자쌍 창생의 거품상자

생(〈수식 17-3〉), 핵자에 의한 파이중간자의 산란(〈수식 17-4〉), 양성자-반양성자의 쌍소멸에 대해서도 확실하게 그것이 성립하고 있다.

그래서 중입자수라는 물리량을 도입하고 중입자에는 +1, 반중입자에는 -1, 중간자, 경입자, 광자에는 0을 해당시킨다. 그렇게 하면 모든 소립자 반응에 있어서 중입자수의 합이 보존되게 된다.

양성자는 중입자 중에서 단지 하나의 안정한 입자인데, 그것은 이 입자가 중입자 중에서 제일 가볍기 때문에 중입자는 붕괴하여 양성자까지는 되지만 중입자수 보존을 위해서는 그것보다 가벼운 입자로는 붕괴할 수 없다고 설명할 수 있을 것이다. 이하 중입자수는 기호 B로 나타낸다.

마찬가지로 경입자에 대해서도 전자, 마이너스 뮤중간자, 두 종류의 중성미자에 +1, 양전자, 플러스 뮤중간자, 두 종류의 반중성미자에 -1을, 각 경입자수라고 하면 모든 소립자 반응에

248

있어서 경입자수는 보존된다.

또한 경입자를 전자그룹과 뮤중간자 그룹으로 나눠 각 그룹의 입자에 각각의 경입자수를 할당해도 그것들은 따로따로 보존된다.

이들 경입자수의 보존은 전자-양전자의 쌍소멸, 중성자의 베타 붕괴(〈수식 17-2〉), 하전 파이중간자의 붕괴(〈수식 17-5〉), 뮤중간자의 붕괴(〈수식 17-7〉) 등에 대하여 확인할 수 있다.

스트레인지니스, 하이퍼차지

이번에는 중입자끼리의 관계에 대해 생각해 보자. 이미 논의한 것 같이 하전스핀이라는 물리량을 도입하면 양성자와 중성자는 하전스핀 2중항을 형성하고 있다. 마찬가지로 중성만의 람다입자는 1중항, 음양중성이 있는 시그마입자는 3중항, 중성과 마이너스 크사이입자는 2중항을 형성하고 있다.

그리고 이들 네 개의 다중항끼리도 질량은 그다지 다르지 않고 스핀은 모두 1/2이다. 그래서 핵자 2중항, 람다입자 1중항, 시그마입자 3중항, 크사이입자 2중항은 또한 한 개의 초다중항(초8중항)을 형성하고 있다고 생각하여 초다중항에 포함되는 다중항끼리를 구별하는 데에 스트레인지니스(Strangeness, 奇妙度), 또는 하이퍼차지(Hypercharge, 超電荷)라는 물리량을 도입한다. 하이퍼차지는 스트레인지니스와 중입자수를 더한 값이다. 그리고 핵자 2중항, 람다입자 1중항, 시그마입자 3중항, 크사이입자 2중항에 각각 스트레인지니스, 0, -1, -1, -2, 또는 하이퍼차지 1, 0, 0, -1을 할당한다.

반입자에 대해서는 중입자수, 하전스핀의 성분과 마찬가지로 스트레인지니스, 또는 하이퍼차지도 역부호를 취하게 한다.

또 스트레인지니스가 0이 아닌 중입자는 하이페론(Hyperon, 重核子)이라고 불린다.

중입자와 마찬가지로 중간자에도 스트레인지니스, 또는 하이퍼차지를 도입할 수 있다. 스핀 0으로서 질량이 그다지 다르지 않는 8종류의 중간자는 하전스핀 3중항의 파이중간자, 2중항의 케이중간자, 반케이중간자, 1중항의 이타중간자로 구성되는 초8중항이라고 생각된다. 그리고 이들 다중항에 각각 스트레인지니스, 또는 하이퍼차지 0, 1, -1, 0을 할당한다. 중간자는 중입자수가 0이므로 하이퍼차지는 스트레인지니스와 같다는 것에 주의하기 바란다.

스트레인지니스 S, 또는 하이퍼차지 Y=S+B를 도입하면 중입자나 중간자의 전하 Q는 다음과 같다.

$$Q = I_3 + B/2 + S/2 = I_3 + Y/2$$

강한 상호작용과 약한 상호작용

앞에서 설명한 람다입자의 창생, 붕괴(〈수식 17-8〉, 〈수식 17-9〉)에 대하여 하전스핀이나 하이퍼차지가 어떻게 되어 있는지를 알아보자.

창생과정 〈수식 17-8〉에서는 반응 전의 양성자와 마이너스 파이중간자에 관해서나, 반응 후의 람다입자와 중성 케이중간자에 대해서도 하전스핀의 제3성분의 합은 -1/2, 하이퍼차지의 합은 +1이며 하전스핀의 제3성분도 하이퍼차지도 보존되고 있다. 하전스핀의 크기는 반응 전후 모두 1/2이라고 생각된다.

그러나 붕괴 과정(〈수식 17-9〉)에서는 양성자와 마이너스 파이중간자로 붕괴하는 경우나 중성자와 중성 파이중간자로 붕괴되는 경우에도 하전스핀의 제3성분은 0에서부터 −1/2이 되고, 하이퍼차지도 0에서부터 +1이 되어 모두 보존되지 않는다. 또한 하전스핀의 크기도 보존되지 않는다.

핵자가 파이중간자를 방출하거나 흡수하는 과정이나 중입자, 중간자가 창생되는 과정은 강한 상호작용에 기인한다. 그때 하전스핀, 제3성분, 하이퍼차지도 보존되는데 하이페론의 붕괴과정은 약한 상호작용에 의한 것이며, 그때 하전스핀도 그 제3성분도 하이퍼차지도 보존되지 않는다. 이것은 니시지마(西島)-겔만(Gell-Mann)의 법칙으로 알려져 있다.

만일 하이페론의 붕괴가 강한 상호작용으로 일어난다면 그 수명은 훨씬 짧을 것이다. 중성자의 베타붕괴(〈수식 17-2〉), 하전 파이중간자의 붕괴(〈수식 17-5〉), 뮤중간자의 붕괴(〈수식 17-7〉) 따위도 약한 상호작용에 의한 것이다.

또한 하전입자와 광자와의 사이에는 전자기적 상호작용이 있다. 이것을 하전입자와 중성입자를 구별하기 때문에 하전스핀의 등방성은 혼란되지만 제3축 주위의 등방성, 즉 축대칭성은 남아 있고 하전스핀의 크기는 보존되지 않지만 그 제3성분은 보존되는 것이다. 또 하이퍼차지는 전자기적 상호작용에서도 보전된다.

전하는 모든 상호작용을 통해 보존되고 있다.

따라서 $Q=I_3+Y/2$의 관계로부터 하전스핀의 제3성분 I_3와 하이퍼차지 Y는 한쪽이 변화하면 다른 쪽도 변화하는 식으로 밀접하게 관계되어 있다.

유니타리 대칭성

강한 상호작용만을 생각하는 한, 하전스핀이나 그 제3성분뿐만 아니라 하이퍼차지도 보존되는 것이므로 강한 상호작용을 하는 입자인 하드론에 대해서는 하전스핀의 개념을 확장할 수 있다. 그리고 그것에 의해서 초다중항을 설명할 수 있을 것이다.

하전스핀은 가상적인 3차원 공간, 즉 하전 공간에 있어서의 회전이라고 생각할 수 있는데 이것은 또한 2차원 복소 공간(複素空間), 유니타리(Unitary) 공간에 있어서 일종의 회전—특수 유니타리 변환이라 불린다—이라고 간주할 수 있다.

이것을 확장하여 가상적인 3차원 복소 공간, 유니타리 공간을 도입하면, 하전스핀과 하이퍼차지는 그 공간을 일종의 회전인 특수 유니타리 변환으로 귀착시킬 수 있다.

핵자와 파이중간자의 상호작용은 하전 독립성을 갖고 하전 공간에 있어서 회전SO(3)에 관해서 불변으로 되어 있다.

마찬가지로 강한 상호작용은 3차원 유니타리 공간에 있어서 특수 유니타리 변환 SU(3)에 관해서 불변으로 되어 있다. 이것을 유니타리 대칭성(Unitary Symmetry)이라 한다.

팔도설

2차원 유니타리 공간의 벡터(정확하게는 스피놀)은 물론 두 개의 성분을 가지고 있다. 이것들을 양성자와 중성자에 대응시켜 보자(p, n). 그렇게 하면 반양성자와 반중성자는 역시 2차원 유니타리 공간의 별종 벡터에 대응할 것이다($\bar{p}$, $\bar{n}$). 이것들을 서로 공액(共軛)인 벡터라고 부르자. 이들 공액인 벡터를 곱하여

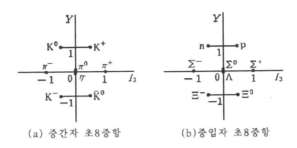

(a) 중간자 초8중항　　　(b)중입자 초8중항

〈그림 199〉 팔도설(Y축의 눈금은 I_3축 눈금의 $\sqrt{3}/2$배로 잡고 있다)

2차원 공간의 곱을 만들면 $2 \otimes \bar{2} = 4$는 둘로 나눠져 $1 \oplus 3$, 즉 1차원 공간과 3차원 공간과의 합이 된다. 물론 이 3차원 공간 벡터는 세 개의 성분을 갖고 $(\bar{n}p)$, $[(\bar{p}p - \bar{n}n)/\sqrt{2}, \bar{p}n]$, 이것들을 마이너스, 플러스 중성 파이중간자(π^+, π^0, π^-)로 대응시킬 수 있다. 나머지 1차원 공간의 벡터는 성분이 한 개이므로 $[(\bar{p}p - \bar{n}n)/\sqrt{2}]$ 스칼라가 된다.

마찬가지로 3차원 유니타리 공간에서도 서로 공액인 벡터를 취하고 그것들을 곱하여 3차원 공간의 곱을 만들면 $3 \otimes \bar{3} = 9$는 둘로 나눠져서 $1 \oplus 8$, 즉 1차원 공간과 8차원 공간과의 합이 된다. 이 8차원 공간에 있어서 벡터의 8개의 성분을 중간자의 초8중항, 즉 파이중간자의 3중항, 케이중간자의 두 개의 2중항, 이타중간자의 1중항으로 대응시킬 수 있다.

또 동종의 벡터끼리를 세 개 곱하면 $3 \otimes 3 \otimes 3 = 27 = 1 \oplus 8 \oplus 8 \oplus 10$이 된다. 이 8차원 공간의 벡터성분을 중입자의 초8중항, 즉 핵자의 2중항, 람다입자의 1중항, 시그마입자의 3중항, 크사이입자의 2중항에 대응시킬 수 있다.

이러한 이론은 팔도설(八道說)이라 불린다.

그리고 이들 초8중항은 하이퍼차지 값에 의존하는 상호작용에 의하여 질량이 다른 네 개의 다중항, 즉 1중항, 두 개의 2중항, 3중항으로 나눠지고 각 다중항은 하전스핀의 제3성분, 즉 전하에 의존하는 전차기적 상호작용에 의하여, 다시 질량이 다른 8종류의 입자로 나눠진다.

그러면 원래의 3차원 유니타리티 공간에 있어서 벡터는—그것은 세 개의 성분을 가지고 있는데—대체 무엇에 대응하고 있을까?

레제궤적

유니타리 대칭성은 스핀이 같고 질량이 거의 같은 하드론의 하전스핀과 하이퍼차지에 관한 규칙성을 의미한다. 그것에 대해서 같은 하전스핀과 하이퍼차지를 갖는 하드론의 스핀과 질량에 관한 규칙성이 레제궤적(Regge 軌跡)이다.

같은 하전스핀과 하이퍼차지를 갖는 하드론에 있어서 질량의 제곱을 가로축에, 스핀을 세로축에 잡고 배열하면 그것들은 대략 평행한 직선이 된다. 이 직선을 레제궤적이라 한다.

〈그림 200〉에 핵자($I=1/2$, $Y=1$), 델타입자($I=3/2$, $Y=0$), 로우중간자($I=1$, $Y=0$)의 레제궤적을 보였다.

레제궤적을 식으로 나타내면,

$$\alpha(m^2) \equiv j(m^2) = \alpha(0) + \alpha' m^2,$$

$$\alpha \approx 1\text{GeV}^{-2} \cdots\cdots\cdots\cdots \quad \text{〈수식 17-10〉}$$

가 되어, 세로축을 자르는 점 $\alpha(0)$은 하전스핀이나 하이퍼차지에 의해 다르지만, 경사 α'는 일종의 보편상수(普遍常數)라고 생

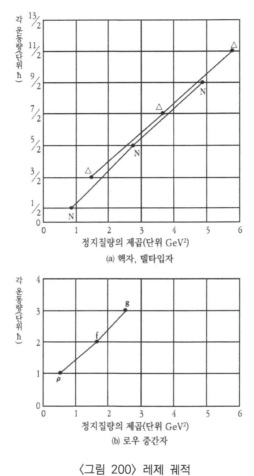

〈그림 200〉 레제 궤적

각된다.

　강한 상호작용 이론은 이 레제궤적을 설명하는 것이어야만
한다.

소립자에 부여되는 물리량

하나의 소립자를 생각할 때 거기에 부여되는 물리량을 열거하면 질량과 에너지, 운동량, 각운동량, 그리고 스핀, 중입자수와 경입자수, 전하와 하전스핀, 하이퍼차지가 있다. 그중 에너지, 운동량, 각운동량은 4차원 시공에 있어서 소립자의 상태를 나타내는 것이다. 이들 물리량의 보존이 각각 시간의 균일성, 공간의 균질성, 등방성을 의미한다는 것은 이미 설명하였다.

그것에 대하여 중입자수나 경입자수, 하전스핀, 초전하는 소립자의 종류를 특징짓는 것이며, 4차원 시공과는 무관계한 물리량처럼 생각된다. 그리고 이것들은 내부 양자수(內部量子數)라고 불린다.

스핀은 그것이 소립자의 종류를 특징짓는 양인 동시에 일종의 각운동량이기도 한 것으로부터 4차원 시공과도 관련을 가지고 있다.

또 하나, 소립자를 특징짓는 것과 동시에 시공 둘 다에 관련되는 물리량에 패리티(Parity, 偶奇性)가 있다.

패리티

하나의 좌표계와 그것을 반전시킨 좌표계, 즉 좌표축의 방향을 모두 반대로 한 좌표계의 두 좌표계로 본 운동을 비교해 보자(『물리학의 재발견(상)』 6장 〈그림 66〉 참조). 원래의 좌표계에서 보아 Z방향의 플러스 방향의 운동은 반전한 좌표계로부터 보면 Z방향의 마이너스 방향의 운동이며, 원래의 좌표계에서 보아 X축으로부터 Y축으로 향한 회전운동은 반전한 좌표계에서 봐도 X축으로부터 Y축으로 향하는 회전운동이다. 즉 속도나 운동량은 반전에 의해 역방향으로 보이지만 각운동량은 같은 방향인 것처럼 보인다. 전자 경우의 패리티는 짝, 또는 플러스라고 하고, 후자의 경우를 홀, 또는 마이너스라고 한다.

소립자를 나타내는 파동함수도 좌표계의 반전에 의하여 그 부호가 변하는 것과 변하지 않는 것이 있다. 각각 패리티가 홀, 또는 마이너스, 짝 또는 플러스라고 한다. 이를테면 양성자, 중성자, 람다입자, 시그마입자, 크사이입자는 모두 패리리가 플러스, 파이중간자, 케이중간자, 이타중간자는 모두 패리리가 마이너스라고 생각되고 있다. 이들 8종류의 중입자나 중간자가 각각 같은 패리티(그리고 같은 스핀)를 가지기 때문에 그것들을 초다중항으로 간주할 수 있는 것이다.

또한 앞서 『물리학의 재발견(상)』 6장에서도 설명한 것 같이 반전은 하나의 좌표축, 이를테면 Z축에 관한 경영(鏡映)과 그 주위의 180°의 회전을 겹친 것이어서 모두 우수계와 좌수계와의 사이의 변환이다. 앞서의 보기와 같이 운동 방향이나 회전축 방향을 하나의 좌표(Z축)으로 선정해 두면, 반전 대신에 그 축(Z축)에 관한 경영에 대해서 고찰하여도 본질적으로는 같아진다.

다시 한 번 어떤 좌표계와 그것을 Z방향으로 경영한 좌표계로부터 본 운동을 비교해 보자. 경영한 좌표계로부터 보아 Z방향인 플러스 방향의 운동은 원래의 좌표계로부터 보면 Z방향의 마이너스 방향의 운동이며, 이것은 원래의 좌표계에 있어서 Z방향인 플러스 방향의 운동을 Z축과 수식으로 세운 거울에 비친 것과 같이 되어 있다. 또 경영된 좌표계로부터 보아 X축에서 Y축으로 향한 회전은 원래의 좌표계에서 보아도, X축으로부터 Y축으로 향한 회전이며, 이것도 또한 원래의 좌표계에 있어서 X축으로부터 Y축으로 향한 회전을 Z축과 수직으로 세운 거울에 비친 것과 같이 되어 있다.

일반적으로 경영한 좌표계에 관한 운동은 원래의 좌표계에 관해서 그것과 같은 방향을 가진 운동을 거울에 비친 것과 같이 되어 있다. 따라서 거울 속의 세계에서 일어나는 운동을 알아보면 경영한 좌표계에 관한 운동을 알 수 있다.

공간의 비대칭성

지금까지 우리는 물리학의 원리, 법칙은 모두 공간반전에 관해서 불변하다고 생각해 왔다. 즉 자연계의 물체나 현상을 거울에 비쳤을 때 거울 속에 보이는 물체나 현상은 우리 세계에서도 존재하는 것이므로 공간은 대칭이라고 생각되었다.

이를테면, Z방향인 플러스 방향의 운동을 Z방향과 수직 한 거울에 비치면, 그것은 Z방향인 마이너스 방향의 운동으로 보인다. Z방향인 마이너스 방향의 운동 물론 우리의 세계에서도 실현된다.

그러면 소립자의 세계에서는 어떨까? 이를테면, 중성케이중간자는 두 개의 파이중간자로도 세 개의 파이중간자로도 붕괴된다. 파이중간자는 패리티가 마이너스이고, 패리티를 합성하는 데는 곱하면 되므로 중성 케이중간자는 패리티가 플러스라고도 마이너스라고도 생각되는 것이다. 그래서 1956년, 리정다오(李政道, 1926~)와 양전닝(楊振寧, 1922~)은 약한 상호작용에서는 패리티가 보존되지 못하는 것이 아닌가 생각하여 코발트60의 베타붕괴에 의해 이것을 시험하도록 시사하였다.

코발트60은 그 스핀방향으로 나사를 오른쪽으로 돌렸을 때,

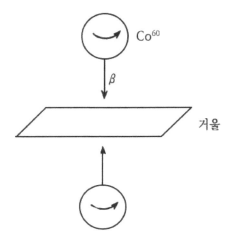

〈그림 201〉 코발트60의 베타붕괴와 공간반전

나사가 진행하는 방향과 역방향측에 보다 많은 전자를 방출한다. 나사가 진행하는 방향과 역방향으로 밖에 전자를 방출하지 않는다고 가정해보자. 이 현상을 거울에 비치면 코발트60은 스핀방향으로 나사를 오른쪽으로 돌렸을 때, 나사가 진행하는 방향으로 전자를 방출하게 된다. 즉 거울에 비친 것은 자연계에서는 결코 일어나지 않는 현상이다.

　일반적인 소립자 반응에 있어서 강한 상호작용이나 전자기적 상호작용에 의한 현상에서는 패리티는 보존되지만, 약한 상호작용에 의한 현상에서는 패리티는 보존되지 않는다.

　따라서 「공간은 비대칭이다」라고 생각하지 않을 수 없다.

CTP정리

그런데 약한 상호작용에 의한 소립자반응에는 중성미자가 참여하는 경우가 많다. 그리고 중성미자는 다른 소립자와는 달라 운동량 방향과 스핀 방향과의 관계가 결정되어 있고, 중성미자는 운동량 방향에 대하여 좌회전하는 스핀, 반중성미자는 우회전하는 스핀을 가지고 있다. 이러한 사정은 중성미자의 질량을 0이라고 생각하는 데서 발생한다. 만일 질량을 가진 입자라면 광속도보다 작은 속도로밖에 운동할 수 없기 때문에 그것보다 큰 속도로 운동하고 있는 좌표계로부터 보면 입자운동의 방향은 역이 되고 운동량 방향과 스핀 방향과의 관계는 좌표계에 따라 다르고 일정하게는 되지 않는다.

이제, 중성미자와 반중성미자를 공간반전하면 〈그림 202〉의 (a)와 같이 현실에는 존재하지 않는 입자가 된다. 또, 운동량이나 스핀은 그대로 두고 입자와 반입자를 바꿔 쳐도 〈그림 202〉의 (b)와 같이 현실에는 존재하지 않는 입자가 된다. 이러한 변환은 입자-반입자 반전이라 불린다. 그러나 시간반전하면 〈그림 202〉의 (c)와 같이 역시 현실에 존재하는 입자가 된다.

그래서 중성미자와 반중성미자에 순서는 어느 쪽이라도 좋지만 공간반전과 입자-반입자 반전과를 계속해 가면 현실에 존재하는 입자가 되는 것을 알게 된다. 또한 공간반전, 입자-반입자 반전, 시간반전을 거듭해도 역시 현실에 존재하는 입자가 되는 것이 분명하다.

일반적으로 약한 상호작용에 대한 법칙은 입자-반입자 반전에 관해서는 불변하지 않다고 알려져 있다.

더욱이 공간반전과 입자-반입자 반전을 계속했을 때나 시간반전을 시켰을 때에는 불변인지 아닌지도 일반적으로는 아직 확실치 않다.

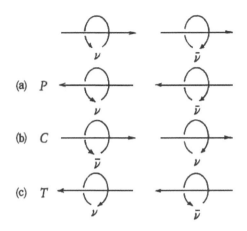

〈그림 202〉 중성미자의 ⒜ 공간반전. ⒝ 입자-반전 반입자, ⒞ 시간반전

한편, 이론적으로 다음과 같은 사항이 증명된다. 물리학의 원리, 법칙은 그것이 로렌츠 변환에 의해 불변이라는 가정하에 공간반전 P, 시간반전 T, 입자-반입자 반전 C를 거듭해 가더라도 그래도 성립한다. 이것은 CPT정리라고 불린다. 실현하는 소립자 반응에 C, T, P변환을 해서 얻어지는 소립자 반응 역시 실현되는 것이어야 한다.

물론, 특수상대성 이론 그 자체가 엄밀하게는 올바르지 않을 가능성도 있을 것이다.

극성벡터와 축성벡터

앞서 16장에서 설명한 것 같이 각운동량도 벡터량이라고 생각된다. 그러나 반전에 관해서는 속도나 운동량은 그 방향이 역이 되는데도 각운동량—스핀도 각운동량이지만—은 그 방향은 변하지 않는다. 앞의 경우는 패리티가 마이너스이지만, 나중 경우는 플러스이다.

이들 벡터는 좌표계의 회전에 관해서는 마찬가지로 운동하지만 반전에 관해서는 다르게 운동한다. 그래서 각운동량과 같은 벡터는 특히 의(擬)벡터라고 불리는 일이 있다. 또는 속도, 운동량 등은 극성(極性)벡터, 각운동량은 축성(軸性)벡터라고 불리는 일도 있다.

이것에 대응해서 스칼라에도 반전에 관하여 부호를 바꾸는 것이 있고, 이것은 특히 의스칼라라고 불린다.

이를테면, 광자의 파동함수는 벡터와 같은 성질을 가지며 파이중간자의 파동함수는 의스칼라와 같은 성질을 가지고 있다.

코발트60의 베타붕괴는 극성벡터(전자의 운동량)와 축성벡터(코발트 원자핵의 스핀)가 결합된 현상인 것이다.

두 가지 기본적인 문제

이상의 고찰로부터 분명해진 것 같이 소립자에는 약 300가지가 되는 종류가 있고, 또한 그것들의 여러 가지 성질, 상호작용 사이에는 극히 뚜렷한 규칙성이 발견된다. 이것은 마치 원소, 즉 원자의 성질이 92가지나 있어서 그것들의 화학적 성질에는 주기율이 있고, 또 그것들이 내는 광스펙트럼에도 파장에 대한 규칙성이 발견된 것과 아주 닮았다.

그리고 이런 일들로부터 원자는 자연을 구성하는 궁극적인 요소가 아니라, 구조를 가진, 보다 궁극적인 요소가 존재할 것임이 예상된다. 따라서 소립자도 또한 자연을 구성하는 궁극적인 요소가 아니고 더욱 궁극적인 요소가 존재할 것이 예상된다.

장의 묘상(描像)에 의하면 물리 공간은 300종이나 되는 소립자장이어서 연속무한으로 연결되는 공간의 각 점 각 점이 모두 300종이나 되는 장의 진동자이다. 장이 관측되는 것은 각 진동자의 진동이 되어 전해져 나갈 때인데, 진공에서도 일종의 평형상태로서 흔들림을 가지면서 장은 잠재하고 있는 것이다. 그 장은 상호작용에 의해서 에너지, 운동량, 각운동량, 스핀, 패리티, 중입자수, 경입자수, 전하, 하전스핀, 하이퍼차지 등을 수수하여 각각 적당한 조건이 만족된다면 잠재적인 평형상태로부터 현재적(顯在的)인 진동상태로 옮아가고, 또는 역으로 진동상태로부터 평형상태로 옮아가서 창생, 소멸한다.

또 모든 소립자는 그것과 상호작용하는 장의 흔들림을 그 주위에 수반한다. 즉 가상적인 장의 양자를 흡수, 방출하여 그 에너지는 소립자를 점이라고 하면 무한대로 발산해 버리는 것이다.

발상의 곤란과 소립자의 통일적 기술, 이 두 가지가 현재의 소립자론에서는 가장 기본적인 문제이다.

18. 새로운 물리학에의 시도
─소립자와 시공간을 분리해서 생각할 수는 없다

소립자의 구성요소

마지막 장에서 설명하는 것은 그것이 많은 사람에 의해 지지되고 있는 것이든, 극히 소수에 의해서만 그 가능성이 추구되고 있는 것이든 모두 새로운 물리학에의 새로운 시도로써 아직확립된 것이 아니다. 오히려 이 장에서는 이미 우리가 배워온갖가지 지식이나 사고양식이 소립자와 시간공간 문제에 어떻게적용되고 전개되는지를 설명하는 데 중점을 두고 있다.

그럼 앞장의 끝에서 설명한 것 같이 현재의 소립자론에 있어서 제일 기본적인 문제는 발산의 곤란과 소립자의 통일적 기술두 가지이다.

먼저 소립자를, 보다 작은 구성요소를 가정함으로써 통일적으로 기술하는 일을 시도해 보자. 즉 양식, 형상, 용(用)의 입장이 아니고 재료, 질료, 체(休)의 입장에서 생각해 본다. 그 새로운 재료는 역시 양자화 되어 있을 것이며, 우선 확장을 갖지않는 입자라 해도 될 것이다.

구성입자의 가정도 세 가지 경우로 나눌 수 있을 것이다. (1)이미 알려져 있는 소립자 중의 몇 개만이 진실한 의미에서의소립자이며 다른 것은 그들의 복합입자이다. (2) 어느 것이 소립자, 어느 것이 복합입자라고 할 수 없고 서로 다른 것을 만들고 있다. 이것은 핵민주제(核民主制)라고 불린다. (3) 소립자는모두 기본적인 입자로 구성되어 있다.

그러나 (1)의 가정은 이를테면 양성자, 중성자, 람다입자를 소립자로 선정해도 중입자의 초8중항을 설명할 수 없다. (2)는 매력이 있는 가정이지만 그 정식화는 상당히 복잡하다. 여기서는(3)의 가정에 대해 고찰하기로 하자.

〈표 18-1〉 쿼크

양자수 \ 쿼크	스핀 I	전하 Q	중입자수 B	아이소 스핀 제3성분 I_3	하이퍼차지 Y
u	1/2	+2/3	1/3	+1/2	1/3
d	1/2	−1/3	1/3	−1/2	1/3
s	1/2	−1/3	1/3	0	−2/3

쿼크 가설

하드론(강입자)에 대하여는 17장에서 알아본 것 같이 그 규칙성은 유니타리 대칭성과 레제궤도와의 둘로 집약된다.

먼저 유니타리 대칭성을 설명하려는 시도로서는, 1964년 겔만(Murray Gell-Mann, 1929~)과 츠바이크(Murray Zweig, 1923~) 두 사람에 의해 각각 독립적으로 제창된 쿼크(Quark) 가설이 있다. 이것은 하드론이 쿼크라고 불리는 세 종류의 입자와 그들의 반입자로 구성되어 있다고 하는 가설이다. 세 종류의 쿼크, u(up), d(down), s(side ways)는 〈표 18-1〉에 보인 것 같은 물리량(양자수)을 가지고 있고 중입자수나 전하가 정수값이 아닌 것이 특징적일 것이다. 반립자, $\bar{u}$, $\bar{d}$, $\bar{s}$는 전하, 중입자수, 하전스핀의 제3성분, 하이퍼차지가 각각 입자에 대하여 모두 역부호가 된다.

쿼크라는 이름은 제임스 조이스(James Joyce, 1882~1941)의 소설에 나오는 말에 유래한다. 아직 번역되어 있지 않지만 조이스를 따르자면 구성자(構成子)라고나 할까?

하드론 중에서 중립자는 세 개의 쿼크로 구성되어 있고, 중간자는 쿼크와 반쿼크로 구성되어 있다고 가정한다. 이를 테면

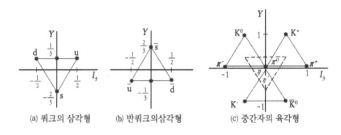

(a) 쿼크의 삼각형　(b) 반쿼크의삼각형　(c) 중간자의 육각형

〈그림 203〉 쿼크 가설

(Y축의 눈금을 I_3축 눈금의 $\sqrt{3}/2$배로 잡으면 각 삼각형은 정삼각형이 된다)

양성자는 uud, 양하전파이중간자는 $\bar{d}$u이다. 이들 쿼크양자수의 합은 확실히 각 하드론 양자수와 같게 되어 있다. 다만 스핀에 대해서는 두 가지 방향을 잡을 수 있으므로 평행, 반평행에 따라 부호를 고려해야 한다.

〈그림 203〉과 같이 가로축에 하전스핀의 제3성분 I_3, 세로축에 하이퍼차지 Y를 취하면 세 종류의 쿼크와 반쿼크는 각각 삼각형을 형성할 것이다. 쿼크 삼각형에 반쿼크 삼각형을 겹치면 육각형이 만들어진다. 이들 좌표가 보이는 것 같이 이 육각형의 6개의 정점과 중심에 겹쳐진 두 점과의 8개의 점이 중간자의 초8중항을 중심에 겹쳐진 또 하나의 점이 초1중항을 준다. 〈그림 199〉와 비교하기 바란다.

이것은 앞 장에서 설명한 3차원 유니타리 공간에 있어서 $3 \otimes \bar{3} = 1 \otimes 8$을 도식적으로 보인 것이라고 되어 있다. 중립자의 $3 \otimes 3 \otimes 3 = 1 \oplus 8 \oplus 8 \oplus 10$도 쿼크 삼각형을 세 개 겹쳐 마찬가지로 나타낼 수 있다.

앞 장에서는 이런 의문이 남았다. 3차원 유니타리 공간에 있어서 벡터는 물리적으로는 무엇에 대응하고 있을까? 그 답이 밝혀졌다. 벡터의 세 가지 성분은 세 종류의 쿼크에 대응한다. 그리고 공액인 벡터 역시 그 성분이 반쿼크에 대응한다.

한편, 고에너지의 전자를 양성자에 충돌시키는 실험이 실시되었다. 그 결과를 설명하는 데는 양성자 내부의 전하가 각 순간에 있어서 한 점 또 몇 점에 집중하고 있다고 가정하면 된다는 것도 알려졌다. 이것은 파튼(Parton, 部分子) 가설이라고 불린다. 그리고 쿼크와 파튼은 같은 것이 아닌가 생각되고 있다.

컬러

그런데 uuu, ddd, sss와 같은 구성을 가진 중입자의 경우, 적어도 두 개의 쿼크는 스핀이 같은 방향을 향해야 하고, 또한 많은 경우에 세 스핀은 모두 같은 방향을 향하고 있다. 따라서 쿼크는 반정수스핀을 가졌는데도 불구하고 파울리의 배타원리에 따르지 않는 것 같이 보인다.

이것을 피하는 데는 다음 두 가지 수단이 생각된다. (1) 쿼크는 위수(立數)의 파라-페르미(Para-Fermi) 통계에 따라 한 상태에 세 개까지 넣는다. (2) 각종 쿼크에 세 개의 가능한 값을 취할 수 있는 새로운 물리량(양자수)을 할당한다.

제2의 가정에 따라 바리온 중의 세 개의 쿼크는 그것들이 같은 종류이든 아니든 서로 새로운 양자수가 다른 값을 가진다고 하면 이것들은 양자역학적으로 다른 상태에 있으므로 uuu와 같은 경우라도 배타원리를 깨뜨리지 않게 된다.

이 새로운 양자수는 컬러(Colour, 色)라고 불리고, 쿼크에는 3원색, 적, 녹, 청을, 반쿼크에는 그것들의 보색 사이안(靑綠色), 마젠터(紫紅色), 옐로우를 할당하는 것이 편리하다. 왜냐하면 이렇게 선정하면 중입자도 중간자도 모두 백색, 즉 무색이 되기 때문이다. 하전입자의 모임은 그것들의 전하의 합이 0으로서 전기적으로 중성일 때, 쿼크의 모임 역시 그 색이 희게 될 때 안정되기 때문이다(물론 이들 이름은 일상적인 의미에서의 색과는 아무 관계가 없다).

그리고 이들 색이 붙은 쿼크는 글루온(Glueon, 膠着子)이라고 불리는 입자와 교환하여 상호작용한다. 글루온 역시 컬러를 가지고 있다.

플레이버

1970년대 가속기의 발달은 정지한 표적에 입자선을 충돌시키는 것이 아니고 입자선끼리(양성자선-양성자선, 전자선-양전자선)를 충돌시키는 데 성공하여 아주 높은 에너지를 사용하는 실험이 가능해졌다. 그리고 1974년 제이-프사이입자(J/φ)를 시작으로 새 입자 발견의 제2단계를 초래하였다.

이들 새 입자를 분류하는 데는 스트레인지니스 외에도 새로운 물리량(양자수)이 필요하게 되어, 먼저 참(Charm, 魅惑度)이, 그리고 그 이상의 양자수가 도입되려 하고 있다. 이에 따라 쿼크 쪽도 제4의 c쿼크, 또 제5, 제6의 것이 가정될 것이다.

이들 쿼크, 또는 양자수를 구별하는 데는 컬러에 대하여 플레이버(Flavour, 風味, 苦香)라는 말이 사용되었다.

한편, 쿼크와 경입자 사이에는 어떤 종류의 대응관계가 있는 것 같이 생각된다. 전자와 중성미자와는 u, d쿼크에, 전자와 그 중성미자, 뮤온과 그 중성미자는 u, d, s, c 쿼크에, 그리고 뮤온보다 무거운 경입자 타우(τ)의, 따라서 그것에 수반되는 중

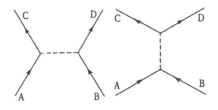

〈그림 204〉 듀얼리티

성미자가 존재할 가능성도 높다. 이리하여 쿼크와 경입자와는 평행하여 둘씩 증가해 가는 것처럼 보인다.

수학적인 특수 유니타리 변환 SU(2n)를 생각하게 되는 것이다.

현 모형

하드론의 유니타리 대칭성은 쿼크가설을 유도하였는데, 레제 궤도는 하드론의 현 모형(弦模型)을 유도한다.

1967년경에 소립자의 산란에 대하여 듀얼리티(Duality, 이중성, 쌍대성)라고 불리는 사정이 밝혀졌다. 두 소립자 A, B가 충돌하여 무슨 중간적인 소립자를 만들고, 그리고 소립자 C, D로 나눠지는 과정과, A, B가 어떤 소립자를 교환하여 상호작용하여 C, D가 되는 과정과는 실은 같은 과정의 다른 관점이라고 생각해야 한다는 것이다. 앞에서 설명한 것 같이 이것은 소립자가 서로 다른 것을 만든다는 생각에도 부합된다.

이 이중성은 베네치아노(Veneziano) 진폭이라 불리는 것에 의해 정식화되고, 그리고 레제궤적은 이 베네치아노 진폭으로부터 유도된다.

그래서 베네치아노 진폭의 물리적인 기구를 구해가면 하드론은 4차원 조화 진동자의 모임, 즉 현(弦) 또는 고무줄과 같은 1차원 단성체 구조를 가진다는 것이, 1969년 난베(南部)나 서스킨드에 의해 밝혀졌다. 이것이 하드론의 현 모형이다.

현진동은 기본진동과 그것의 정수배의 진동수를 가진 고조진동(高調振動)이 겹쳐진 것이다. 기본진동의 진동수를 ν_0라고 하고, n차 고조진동이 N_n번째 준위에 있다면 그 에너지는 〈수식 16-18〉으로부터 $N_n(hn\nu_0)$로 주어진다. 따라서 현에너지는 $N_n(hn\nu_0)$를 여러 가지 n에 대하여 합하고, 또 네 차원의 각 방향에 대해 합한 것이 된다.

현이 전체로서 외부운동을 할 때, 그 질량 m의 제곱이 현의 고유질량 m_i 외에, 이 내부진동 에너지에 의해 주어진다. 간단하게 말하면 $m^2-m_i^2 \propto N_n(hn\nu_0)$이며, 고유 질량 m_i는 일정하므로 현 질량의 제곱 m^2을 등간격으로 배열하게 되고, 레제궤적에서 볼 수 있는 하드론의 질량 스펙트럼(질량의 여러 가지 값)이 설명된다. 그리고 이 현의 기본진동수 ν_0와 레제궤적의 경사를 나타내는 〈수식 17-10〉의 α'와는 $\nu_0 \propto 1/\alpha'$과 관계되는 것은 분명하다. 질량의 제곱이 나타나는 것은 상대론적으로 취급하고 있기 때문이며 〈수식 14-11〉의 우변의 $m_0^2c^2$에 해당하는 곳이 그것이다.

이러한 현은 여러 가지 형태를 취할 것이며, 또 그것이 열려 있는 경우도 닫혀져 고리가 되어 있는 경우도 생각할 수 있다.

또 현 위에 연속적으로 스핀구조를 더하면 하드론의 스핀을 설명할 수 있다.

와사 모형

이러한 현을 장(場) 이론으로부터 유도할 수 없을까? 1973년 니르센과 오르센은 현이 와사(渦系)와 동등하다는 것을 밝혔다.

극저온에서 전기저항이 0이 되는 현상을 초전도(超傳導)라고 한다. 일반적으로 초전도체에는 자력선은 침입할 수 없지만, 제2종 초전도체에서는 자기장이 강해지면 양자화된 자속(자력선의 다발)이 침입을 시작하여 그것의 반지름 10^{-6} ㎝ 이하의 원기둥상 영역은 초전도상태로부터 정상상태로 전이한다. 이것을 둘러싸고 환상(環狀) 전류가 흐르는데, 이 구조를 와사(渦系)라고 부른다.

다만, 이것과 유추적으로 상대론적인 취급에 의해서 전자기장, 즉 일반적으로 나중에 설명하는 게이지장은 진공 중에서 와사 상태를 취할 수 있다는 점, 그리고 그것이 현과 같은 운동 방정식에 따른다는 사실이 밝혀졌다.

현과 쿼크

유니타리 대칭성과 레제궤적을 함께 설명하려면 쿼크와 현을 결합시키면 된다. 이를테면, 중간자는 쿼크와 반쿼크가 현 양단에 존재한다고 가정한다. 이렇게 가정하면 질량, 즉 에너지나 운동량, 각운동량은 현에, 내부양자수는 쿼크에 담당시킬 수 있을 것이다.

그리고 쿼크-반쿼크쌍을 만드는 데 충분한 에너지가 현에 주어지면 현이 끊어져서 그 양단에 쿼크와 반쿼크가 생기고, 두 개의 중간자가 된다. 이것은 마치 자석을 절단했을 때에 절단면에 새로운 자극이 나타나는 것과 닮았다.

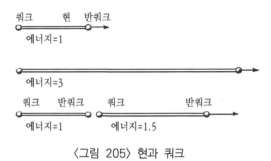

〈그림 205〉 현과 쿼크

〈그림 206〉 현과 와사

　현이 자력선의 길쭉한 영역에 묶인 와사로 간주할 수 있다면 쿼크는 자기단극(Magnetic Monopole)과 동일시될 것이다.

　물론 이 와사는 글루온장—나중에 설명하는 것 같이 이것도 게이지장의 일종인데—의 자속에 해당한다고 생각된다.

　또 와사를 만들고 있는 자력선은 그 축에 따라 밀도가 변하지 않으므로 작용하는 힘은 자극으로부터의 거리에 관계없이 어디에서도 일정하게 된다. 이것은 그 장력(서로 끌어당기는 응력)이 신장 때의 일그러짐의 크기에는 의존하지 않고 어디서도 일정한 크기를 가진 현에 상당한다.

　이러한 현을 신장하는 데 필요한 일은 길이에 비례하며, 따라서 현에 축적되는 퍼텐셜 에너지도 그 길이에 비례한다. 현이 한 점으로 수축하지 않기 위해서는 장력에 균형을 이루는 힘이 작용되어 있을 것이 필요하고 그것은 현의 회전에 수반되는 원심력으로 구해질 것이다. 현의 고유질량은 0으로서 말단의 속도와 같다고 하면, 그 각운동량은 전에너지의 제곱과 비례하게 된다. 이리하여 레제궤적에 표시되는 하드론의 스핀 각운동량과 질량의 관계가 유도된다.

중입자인 경우는 세 쿼크는 현에 의하여 삼각형 △으로, 또는 Y자형으로 결합되어 있다고 생각해야 한다.

게이지장 이론

소립자, 특히 하드론의 통일적 기술과 더불어 상호작용을 통일화하려는 시도도 진행되고 있다.

하전입자가 광자를 매개로 하여 상호작용하는 것과 같이 약한 상호작용도 하드론이나 경입자가 직접 상호작용하는 것이 아니고 〈그림 207〉과 같이 보스입자(Boson)를 매개로 하고 있다고 생각한다. 이러한 이론은 와인버그와 람에 의해 전개되었다.

약한 상호작용을 매개하는 보손(Week Boson)은 음양의 하전입자 외에 중성입자도 존재한다는 것이 예상되고 있다. 또 약한 상호작용은 극히 단거리의 힘인데, 그것들의 질량은 상당히 크고 양성자의 15배 이상인 15GeV 이상으로 예상된다.

전자기장이나 이러한 보손장은 게이지장(Gauge 場)이라고 불린다. 일반적으로 양자수를 가진 소립자는 그 양자수의 크기에 비례하는 세기의 장을 창생한다. 이것이 게이지장이다. 이를테면, 전하를 가진 소립자는 전자기장을 창출한다. 전자기장은 가환(可換) 게이지장이어서 그 자신은 전하를 갖지 않지만 비가환(非可換) 게이지장은 그 자신도 양자수를 가지고 있다. 약한 상

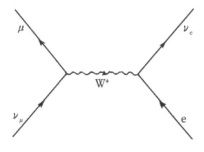

〈그림 207〉 게이지장

호작용을 매개하는 보손장은 비가환 게이지장이라고 생각된다.

또한 쿼크와 경입자와의 대응관계로부터 약한 상호작용을 하드론과 경입자보다 차라리 쿼크와 경입자간의 상호작용으로서 다루려는 생각도 있다.

또 쿼크간의 상호작용을 매개하는 글루온장(Glueon 場)도 컬러를 운반하므로 비가환 게이지장이라고 생각된다. 앞에서 설명한 와사는 이 게이지장의 자속에 해당한 것이었다. 컬러를 가진 쿼크(Quark)와 글루온과의 상호작용을 다루는 이론체계로서 양자색채공학〔量子色彩工學, 그리스어의 크로마(Chroma, 色)에서〕의 건설이 진행되고 있다.

또 만유인력도 일종의 비가환 게이지장으로 간주할 수 있다.

전자기적 상호작용, 약한 상호작용뿐만 아니라 강한 상호작용이나 만유인력에 의한 상호작용까지 모든 상호작용이 게이지장 이론에 의하여 통일적으로 논의될 수 있을지도 모른다.

체로부터 용으로, 질료로부터 형상으로

쿼크가설은 소립자의 통일적 기술에 매우 유력하다고 생각되는데, 이제까지 그것이 단독으로 관측된 일은 없고 금후에도 관측되지 못할 것으로 생각된다.

쿼크를 현과 조합한 것도 하드론의 질량을 설명함과 동시에 쿼크가 하드론에 갇혀 단독으로는 관측되지 않는다는 것을 설명하기 위한 때문이기도 하였다.

만일 쿼크가 전혀 관측될 수 없는 것이라면 그것은 물리학의 대상이 되지 못할 것이다.

더욱이 쿼크가설은 발산와 곤란에 대해서는 아무 언급이 없다.

그래서 우리는 그 시점을 체(休)로부터 용(用)으로, 질료(質料)로부터 형상(形相)으로 전환해 보자. 소립자를 그 재료로부터가 아니라 그 양식, 형태로부터 고찰해 보자.

또 가령 쿼크가설에 의해 소립자가 통일적으로 기술되었다고 해도 다시 쿼크 자신을 현상, 양식이라는 입장으로부터 고찰할 필요가 있을 것이다. 이미 쿼크는 그것이 기본 입자라 할지라도 종류가 너무 많아진 것 같다.

소립자의 확장

소립자론에 있어서 두 개의 기본적인 문제, 발산의 곤란과 소립자의 통일적 기술은 소립자를 확장시킴으로써 해결되지 않을까? 앞서 13장, 17장에서 설명한 것 같이 소립자의 자기(自己) 에너지는 그것이 확대되지 않는 점이라고 하였기 때문에 무한대로 발산하는 것이며, 소립자가 확장되었다면 자기 에너지, 따라서 질량은 유한이 되고 관측 값은 줄 것임이 틀림없다.

그리고 『물리학의 재발견(상)』 3장 「물체의 너비」에서 설명한 것 같이 점은 자기 자신의 내부를 갖지 않으므로 외부좌표 이

외에는 점끼리 구별할 수는 없지만 확대될 수 있는 물체는 내부 자유도를 가지며 여러 가지 크기나 형태, 회전이나 진동 등의 내부운동의 여러 가지 상태를 취할 수 있고 다른 상대의 것끼리는 서로 구별할 수 있다. 따라서 소립자의 종류는 내부 자유도에 관한 상태의 차이에 귀착시킬 수 있지 않을까?

비국소장 이론

이러한 예측 아래 유가와(湯川)는 1947년경부터 이른바 비국소장 이론(非局所場理)을 전개해 갔다.

종래의 장 이론에 있어서는 소립자장은 시공의 한 점의 함수, 즉 좌표 (x, y, z, t)의 함수로 표시되는데, 이것을 확장하여 소립자장은 시공의 두 점의 함수, 즉 2조의 좌표 $(x^{(1)}, y^{(1)}, z^{(1)}, t^{(1)})$, $(x^{(2)}, y^{(2)}, z^{(2)}, t^{(2)})$의 함수에 의해 표시된다고 가정할 때, 앞의 국소장(局所場)에 대하여 나중 것을 비국소장(非局所場)이라고 부른다.

또, 비국소장은 두 점의 중심(重心)좌표, 외부좌표 $X_1 = \frac{1}{2}(x^{(1)} + x^{(2)})$, $X_2 = \frac{1}{2}(y^{(1)} + y^{(2)})$, ……과, 상대좌표, 내부좌표 $r_1 = x^{(1)} - x^{(2)}$, $r_2 = y^{(1)} - y^{(2)}$, ……의 함수라고 간주할 수도 있다.

또는 한 점과 그 점에 있어서의 운동량과의 함수라고 생각해도 될 것이다. 본래, 운동량은 한 점이 아니고 두 점을 줌으로써 결정되는 것이기 때문이다.

그럼 외부좌표에 대해서는 국소장과 마찬가지로, 비국소장도 클라인-고든(Klein-Gordon)의 방정식이나 디랙의 방정식에 따른다고 생각해도 될 것이다. 내부좌표에 대해서는 그것이 소립자의 내부양자장을 유도할 수 있도록 선정해야 한다.

먼저 제일 간단한 비국소장은 정지좌표계에 관해 반지름 일정의 구면상에서밖에 값을 갖지 않는 경우이다. 이것은 마치 탁구공을 연상시킨다. 이 반지름에는 10^{-13}㎝, 또는 그 이하의 값이 선정될 것이다. 이것이 보편적인 길이, 즉 길이의 소량(素量)을 준다. 입자에 대해 운동하고 있는 좌표계에 관해서는 장은 4차원적으로 시간 방향으로도 확대되고 있다는 것은 말할 것도 없다(14장 끝부분 참조).

이러한 비국소장은 회전의 내부자유도밖에 가지지 않으므로 스핀은 유도될지 모르지만 질량 스펙트럼(질량의 여러 가지 값)을 유도할 수는 없다.

그렇다면 반지름이 일정하지 않고 반지름의 여러 가지 값에 대해서도 장이 값을 가지도록 확장해 보자. 이를 테면, 장의 반지름 방향의 진동을 생각하면 그 에너지 준위로서 질량 스펙트럼이 유도된다. 스핀은 외부 각운동량 외에 내부 각운동량으로부터 하전스핀도 내부좌표와 내부 운동량과의 조합으로부터 유도된다.

그러나 유니타리 대칭성을 설명하는 데는 아직 자유도가 부족하므로 제3의 단계로서 4점의 함수로 표시되는 것 같은 비국소장에까지 확장하면 세 개의 내부좌표에 대한 세 가지 4차원 조화진동을 생각하면 3차원 유니타리 공간과 같은 자유도가 유도되는 것이다.

비국소장 이론의 제1, 제2단계는 2원자 분자의 회전이나 진동에, 제3단계는 사면체의 회전이나 진동에 비유할 수도 있을 것이다.

이러한 비국소장 이론이 발산의 곤란을 해결할 가능성을 갖

는다는 것은 분명한데, 그때 인과율 문제가 얽혀져서 14장에서
도 지적한, 시간 방향으로의 확장에 의한 인과율 파탄문제와
더불어 그 상세한 검토는 다음으로 미루겠다.

강체 모형, 탄성체 모형

이렇게 비국소장 이론은 두 점 또는 네 점의 질점계(質点系)
로부터 출발하여 필요에 대응하여 질점간의 상호작용에 조건을
붙여간다. 처음부터 질점계의 특별한 경우인, 강체 또는 탄성체
를 가정하여 그 내부 자유도로부터 얼마만큼의 양자수가 유도
되는가를 논의하는 것이 소립자의 강체 모형(剛休模型), 탄성체
모형(彈性休模型)이다.

앞에서 설명한 현 모형도 탄성체 모형의 하나로 간주할 수
있을 것이다.

비국소장 이론이 형상의 입장으로부터 출발한 것에 대해 이
들 모형은 질료의 입장으로부터 출발하고 있다고도 하겠다.

이들 모형도 각각 몇 개인가의 양자수를 유도할 수는 있지만
충분한 결과는 아니다.

고전적으로 알려져 있는 강체나 탄성체가 아니고 이것들과
다른 성질을 갖는 새로운 연속체를 가정하여 소립자 모형을 만
든다는 것도 생각된다.

소립자의 확장과 시공

소립자에 확장을 주면서 시공간은 역시 특수상대성 이론의 4
차원 민코프스키(Hermann Minkowski, 1864~1909)시공(세계)인
채 두는 것은 논리적으로 모순을 내포하고 있는 것 같이 생각

된다. 만일, 모든 소립자가 확장된다면 위치라는 물리량은 소립자를 충돌시켜 측정하는 것이므로 소립자의 확장 정도 이상으로 정밀하게는 결정될 수 없다.

당연하게도, 관측 불가능한 양은 물리학의 대상이 될 수 없다. 점을 정확하게 정의할 수 있는 4차원 시공은 확장된 소립자에는 이미 허용될 수 없는 것이다.

관측하는 입장에서 보면 확장을 갖는 소립자는 정확한 기하학과는 양립하지 못하고, 어떤 의미에서는 모호한 기하학을 필요로 한다.

시공의 흔들림

시공의 흔들림, 즉 시공의 확률분포라는 개념을 도입하여 다음과 같은 가설을 세워 보자. 4차원 시공은 제5차원 방향으로, 또는 그 이상의 차원 방향으로 흔들림을 가진, 즉 확률분포하고 있다. 그리고 관측되는 사상(事象)은 각 4차원 시공에 있어서의 사상이 가중평균된 것이다.

즉 시공간에 확률과 통계의 개념을 도입하는 것이다. 이것은 조화진동자나 전자기장의 영점진동을 상기시킨다. 또 분자운동에너지의 평균이 온도로서 관측되는 것처럼 유추적일 것이다.

원점으로부터의 거리를 생각하고, 제5차원의 좌표를 a로 하면,

$$s^2 = c^2t^2 - x^2 - y^2 - z^2 - a^2 \quad \cdots\cdots\cdots \quad \langle 수식\ 18\text{-}1 \rangle$$

로 표시된다. 그리고 c는 폭이 10^{-13} cm 정도, 또는 그 이하의 흔들림, 즉 확률분포를 갖는다고 가정할 수 있다. 이 흔들림의 폭이 보편적인 길이를 줄 것이다.

그렇게 되면 원점으로부터 점 (x, y, z, t)에의 소립자장의 전파는 a에 대해 가중평균 되어 여러 가지 거리(5차원적)의 전파가 겹친 것이 된다. 앞 장에서 설명한 것 같이 문제는 $c^2t^2-x^2-y^2-z^2=0$에 따른 전파(傳播)로부터 생기므로 분포를 a=0인 경우는 작용하지 않도록, 즉 5차원 방향으로 전해 퍼지지 않는 것이 없도록 선정하면 장전파(場傳播)에 나타나는 특이성은 소실되어 발산의 곤란이 해결되는 것이다.

특히 a를 일정값으로 잡으면 흔들림을 가진 시공장—이것은 비국소장이라고 해도 되지만—은 보통의 시공에 있어서 국소장의 모임이라고 간주할 수 있다. 다만, 그것은 연속적으로 여러 가지 값을 가진 질량의 장이 플러스, 마이너스나 0의 확률로 혼합되고 있다.

a에 대하여 적당한 확률분포 p(a)를 가정하여 가중평균하면 질량은 불연속이 되기도 하지만 플러스, 마이너스의 확률로 혼합되어 있다는 것에는 변함이 없다.

일반적으로 질량 m은 운동량의 제5차원 방향의 성분처럼 행동하고[14장, 〈수식 14-11〉참조], 제5차원 좌표 a의 분포를 샤프하게 하면 m의 분포는 모호해지고, 값의 분포를 모호하게 하면 m의 분포가 샤프하게 된다.

마이너스의 확률이 플러스의 확률을 상쇄하여 무한대가 되는 발산이 없어지는 셈이다.

마이너스의 확률과 부정계량의 힐버트 공간

여러 가지 질량의 소립자장이 플러스, 마이너스, 0의 확률로 혼합된다는 것은 힐버트 공간이 부정계량이 되어 있다는 것을 의미한다.

앞서 16장에서 힐버트 공간은 유클리드 공간의 차원을 무한히 크게 한 것이라고 설명하였다. 이것은 정계량(定計量)의 힐버트 공간이어서 민코프스키 공간의 차원을 무한히 크게 한 것이 부정계량(不定計量)의 힐버트 공간이다.

부정계량의 힐버트 공간에서는 계(系)의 상태를 나타내는 벡터 Ψ의 제곱 $|\Psi|^2$이 플러스로도 마이너스로도 0으로도 된다. 그리고 $|\Psi|^2$이 계가 그런 상태를 취할 수 있는 확률을 준다는 것은 말할 것도 없다.

즉 발산의 곤란을 해결하는 데는 힐버트 공간을 부정계량으로까지 확장할 것이 필요하다. 그리고 힐버트 공간에 있어서 부정계량은 시공의 흔들림으로 귀착시킬 수 있다. 부정계량이나 마이너스의 확률은 흔들림을 가진 시공의 장을 보통 시공의 국소장으로 분해하기 때문에 나타나는 것이어서 우리가 관측하는 것은 정계량을 가진 확장을 가진 장 그 자체인 것이다.

인과율의 수정

시공의 흔들림에 의하여 인과율도 수정되는데 그것은 미시적인 인과율에 머물고, 거시적인 인과율에까지는 파급하지 않는다.

지금, a를 4차원 시공 중의 길이라고 간주하면 빛원뿔 $s^2=0$은 〈그림 208〉과 같이 이엽쌍곡면(二葉雙曲面)이 되어 원점으로부터 시간적, 공간적으로 떨어진 곳에서는 보통의 빛원뿔과 일치한다.

그러나 원점 부근에서는 사정이 전혀 달라져서 보통 시공에서는 시간적으로 떨어져 있는 점에서도 공간적으로 떨어져 있

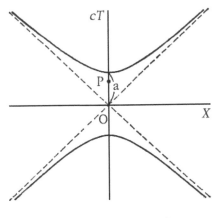

〈그림 208〉 인과율의 수정

다고 간주해야 하는 경우가 생긴다. 이를테면, 〈그림 208〉의 점 P는 $s^2 < 0$이 되어 원점 O와는 공간적으로 떨어져 있게 된다.

또 소립자를 통일적으로 기술하기 위해 소립자는 각각 분포 함수 $p(a)$에 의하여 특징지어졌다고 볼 수 있다.

발산의 곤란을 해결함과 더불어 내부양자수를 유도하기 위해 필요한 내부자유도를 얻기 위해서는 시공의 흔들림은 7차원 이상으로 선정되어야 할 것이다.

시공의 흔들림은 소립자의 존재에 의해서 일어나며, 그리고 그 흔들림에 의해 소립자의 운동이 따르는 기하학이 변한다. 또는 시공의 흔들림 자체가 소립자라고 해도 된다. 시공과 물질과의 이러한 관련은 거시적 세계에 있어서는 일반상대성 이론에 의하여 정식화되었는데 이것을 미시적 세계에서 정식화하려는 것이다.

여기서 공간의 차원에 대하여 아리스토텔레스(Aristoteles, B.C.

약 384~322)와 리만으로부터 인용해 보자.

　장소는 세 가지 차원, 즉 길이와 넓이와 깊이를 가지고 있다. 그리고 이
것들에 의해 모든 물체는 한정되어 있다(「자연학」)

　공간이 3차원이라는 것은 하나의 가설이다(「기하학의 기초를 이루는 기
설에 대하여」)

자기 에너지의 수렴과 인과율의 파탄

　여기서 소립자의 화장과 자기(自己) 에너지의 수렴, 인과율의
파탄과의 관계를 정리해 보자.

　일반적으로 소립자에 확장을 도입해도 확장된 입자의 각 점
이 〈그림 209〉의 ⓐ와 같이 각각 대응하는 점으로만 전파하도
록 정식화하면 자기 에너지의 발산을 제거할 수는 없다. 왜냐
하면, 그때 확장된 입자의 각 점은 그 대표점(重心)과 모두 같은
거리만 전파하게 되고 대표점 이 거리 0를, 즉 그 빛원뿔에 따
라 전파하기 때문이다.

　일반적으로 입자 전체의 전파는 각 점의 전파의 겹침인데,
이런 경우에는 그것은 점입자의 전파와 본질적으로 같게 되어
버린다.

　자기 에너지가 수렴되기 위해서는 확장된 입자의 각 점이 대
응하는 점으로는 전파하지 않고 언제나 그 이외의 점으로 전해
퍼진다고 보아야 한다. 즉 각 점은 대표점과는 다른 거리를 전
파한다고 해야 한다.

　이러한 전파에는 문제가 되는 빛원뿔 근처를 보면 〈그림
209〉의 ⓑ와 같이 시간적, 광적(光的)으로 떨어진 두 점 사이뿐
만 아니라 공간적으로 떨어진 두 점 사이의 전파도 반드시 들

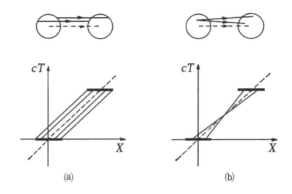

〈그림 209〉 자기 에너지의 수령과 인과율의 파탄

어오게 되어 인과율은 깨진다.

이렇듯 입자의 확장과 인과율은 두 가지 방식으로 관련을 가진다. 하나는 14장의 끝 대목에서 설명한 것 같이 물체의 확장 자체가 공간적으로 떨어진 두 점간의 전파를 허용한다는 것이며, 또 하나는 여기서 설명한 것 같이 자기 에너지의 수렴을 보증하기 위해서는 공간적으로 떨어진 전파가 있어야 한다는 것이다.

인과율을 깨뜨리지 않고 자기 에너지를 수렴시킨다는 것은 소립자에 확장을 준다고 하더라도 보통의 4차원 시공을 생각하는 한 불가능한 것 같이 생각된다.

소립자의 확장과 부정계량

이번에는 정전(靜電) 퍼텐셜을 예로 잡고 소립자의 확장이 어떻게 힐버트 공간의 부정계량을 만들어내는지 알아보자.

전하 e로부터 거리 r인 점에 있어서 정전 퍼텐셜은 13장,

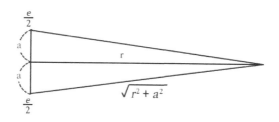

〈그림 210〉 소립자의 확장과 부정계량

〈수식 13-11〉과 같이 e/r에 비례한다. 이것은 r=0이 특이점이며 거기서는 무한대가 된다. 발산의 곤란은 가상적인 상태에 있는 소립자장의 빛원뿔 $s^2=c^2t^2-x^2-y^2-z^2=0$에 따른 전해 퍼지는 상태로부터 나타나므로 이것은 시간을 생각하지 않는 정적인 경우에는 $r = \sqrt{x^2 + y^2 + z^2} = 0$에 대응한다.

지금 전하 e를 이등분하여 그것들을 2a만큼 떨어뜨려 놓으면 두 전하를 연결하는 선과 수직한 방향으로 두 전하의 중점으로부터 r인 거리에 있는 점에서는 퍼텐셜은 $e / \sqrt{r^2 + a^2}$과 비례한다. r=0은 특이점이 아닌, r의 모든 값에 대해 유한하게 된다.

그리고 r≫a에 대해서는,

$$\frac{e}{\sqrt{r^2 + a^2}} = \frac{e}{r} - \frac{a^2 e}{2r^3} + \cdots, \quad \cdots\cdots\cdots\cdots \quad \langle수식 18-2\rangle$$

가 되어 점전하 e의 경우와 비해 부가적인 부전하가 나타난다. 바꿔 말하면 부가적인 양전하가 마이너스의 확률로 기여한다.

시공의 부정계량과 힐버트 공간의 부정계량
힐버트 공간에 있어서 부정계량 문제는 비국소장 이론이나

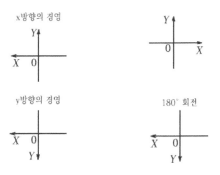

<그림 211> 경영과 회전

현 모형에 있어서도 시간 방향의 조화진동에서 나타난다. 공간 방향의 조화진동은 정계량으로 다룰 수 있다. 따라서 힐버트 공간의 부정계량은 시공의 부정계량과도 밀접하게 결부되어 있다.

현 모형에 대해서는 그것이 상대론적으로 취급되므로, 양자화하였을 때 부정계량이 나타나지 않게 하려면 시공차원은 얼마가 아니면 안 된다는 논의도 필요하다.

또, 시공의 부정계량은 CTP정리(17장 참조)의 배경을 이루고 있는 것은 아닐까? 정계량 공간에서는 경영(鏡映)을 두 번 실시하면 그것은 한 번의 회전과 등가이다. 이를테면, 2차원 유클리드 공간에 있어서 x방향의 경영과 y방향의 경영을 계속해서 실시하면 그것은 180°회전과 등가이다(<그림 211> 참조). 그러나 부정계량의 민코프스키 시공에서는 공간반전 P와 시간반전 T를 계속 실시하여도 그것은 시공회전과는 등가가 아니고, 다시 입자-반입자 반전을 실시해서 비로소 시공회전과 등가가 되는 것이다. 여기에 입자, 반입자의 시공과의 깊은 관계가 숨어 있는지도 모른다.

보편적인 길이

미래의 이론에서 특수상대성 이론에 있어서 광속도 c, 양자론에서 작용양자 h와 같이 길이의 소량 ℓ이 보편상수로서 도입될 것이라는 예상은 다음과 같은 고찰에 바탕을 두고 있다.

속도 단위에 c, 작용 또는 각운동량 단위에 h, 그리고 길이의 단위에 ℓ이 있으면 이것들을 기본단위로 선정함으로써 하나의 단위계를 만들 수 있다. 이를테면, 질량단위는 h/cℓ, 시간단위는 ℓ/c라고 유도된다. 이것은 자연단위계(自然單位系)라고 불리고, 종래의 cgs단위계나 MKSA단위계와 비해 보다 보편적인 의미를 갖는다는 것은 분명하다.

보편적인 길이 ℓ은 10^{-13} ㎝ 정도, 또는 그 이하라고 예상된다. 소립자의 확장반지름, 시공의 흔들림 폭 등은 모두 보편적인 길이 ℓ과 같다고 생각되고 있다.

핀슬러 공간

시공은 민코프스키 공간, 또는 리만 공간인 채로 두고 물체를 점으로부터 일정한 크기를 가진 것으로 확장시킨다는 것은 물체를 점인채로 두고 시공에 방향성을 갖게 하는 것과 등가이다. 즉 반지름과 방향이 대응하는 것이 된다. 이러한 방향성을 갖는 공간은 핀슬러(Paul Finsler, 1894~1970) 공간이라고 불리고 있다.

핀슬러 공간은 계량 텐서 $g_{\mu\nu}$가 리만 공간과는 달라 좌표뿐만 아니라 방향에도 의존하는 공간이다.

핀슬러 공간의 장 이론에서는 점입자와 무한으로 분할 가능한 공간에 바탕을 두면서 비국소성과 마찬가지 효과가 유도된다. 왜냐하면 이 공간에 있어서 기하학량, 따라서 물리량은 모두 방향 의존성을 갖고 내부 자유도라고 해야 하는 것이 생기기 때문이다. 핀슬러 공간에 의하여 비국소성이 기하학화되는 것이다.

유가와(湯川)의 비국소장 이론의 세 단계에 대응하여 한 방향에 의존하는 핀슬러 공간은 방향뿐만 아니라 크기도 포함하여 한 개의 벡터에 의존하는 일반화된 핀슬러 공간으로 다시 복수의 (넷 이하의) 벡터에 의존하는 보다 일반화된 핀슬러 공간으로 확장된다.

또한, 핀슬러 공간은 방향변수의 여러 가지 값에 대응하는 리만 공간을 겹친 것으로 간주할 수도 있다.

발산의 곤란에 대해서도 방향변수에 관해 평균함으로써 장전파할 경우에 특이성이 제거될 것이 기대된다.

뿐만 아니라, 계량 텐서(Tensor) $g_{\mu\nu}$의 방향 의존성은 중력이나 곡률을 수정하여 중력 이외의 새로운 힘이나 새로운 게이지장도 유도한다.

거기에다 이 공간은 휘어졌을 뿐만 아니라 비틀어져 있다. 즉 곡률(曲率)뿐만 아니라 비틀림률(撓率)도 갖는다.

이렇게 핀슬러 공간에 있어서 장 이론은 미시적 세계에 있어서는 장의 비국소성을 도입함과 더불어 거시적 세계에 있어서는 시공의 리만적 구조를 수정한다.

공간의 비틀림

공간의 비틀림을 고찰하는 데는 비리만 공간과 결정전위(結晶註位, Dislocation)와를 대응시키는 것이 좋을 것이다. 결정을

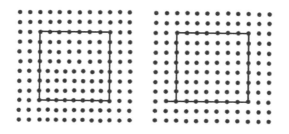

〈그림 212〉 결정의 전위와 공간의 비틀림

구성하는 원자의 배열 방식의 부정합을 전위(轉位)라고 부른다.

　지금 〈그림 212〉와 같이 결정의 전위를 포함하는 부분에 있어서 원자를 결합하여 닫힌 사각형을 그려보자. 이것을 전위가 없는 결정으로 옮겨 그려 한 변과 같은 수만큼의 원자를 배열시킨다면 이 사각형은 닫히지 않을 것이다.

　이것은 마치 비틀림률을 갖는 곡면(2차원 비리만 공간)상의 폐곡선을 평면으로 전개한 것과 유추적이다. 이것은 평면상에서는 벌써 닫히지 않는 것이다.

　비리만 공간에 있어서 장 이론에서는 공간 곡률이 에너지 운동량과 관계하는 것과 같이 비틀림률은 스핀 각운동량과 관계가 있다. 그리고 보통 중력 외에 스핀에 대한 부가적인 힘이 나타나게 된다.

　핀슬러 공간의 장 이론에 의하면 장의 내부 에너지와 외부 에너지와는 별개로 보존되지 않고 공간의 비틀림을 통하여 서로 에너지를 수수하여 전체로서 보존하고 있다.

　또 이상의 논의로부터 추측되는 바와 같이 탄성체가 리만 기하학에 의하여 논의되는 것 같이 소성체(塑性休)는 비리만 기하학에 의해 논의되고, 또한 강자성체, 강유전체, 강자성 강유전

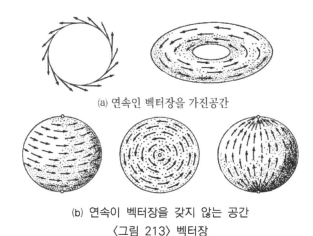

(a) 연속인 벡터장을 가진공간

(b) 연속이 벡터장을 갖지 않는 공간
〈그림 213〉 벡터장

체 등의 탄성은 핀슬러 기하학에 의해 논의된다.

일반상대성 이론은 우주를 리만 공간이라고 생각한다. 이것은 평균을 잡거나, 고루거나, 개략적으로 파악한 것이다. 좀 더 상세하게 알아본다면 우주는 비리만 공간이나 핀슬러 공간이라도 좋지 않을까?

대향이 가능한 공간, 불가능한 공간

15장에서도 언급한 것 같이, 미분기하학 발달에 수반하여 공간을 전체로서 파악하는 대역적(大域的)인 취급이 물리학에 있어서도 중요한 역할을 다하게 되고, 그와 더불어 공간의 위상적인 고찰도 필요하게 되었다. 그래서 될 수 있는 대로 장 이론과 관계 지으며 공간의 위상적인 성질을 알아보자.

만일 공간 각 점에 접선 스펙트럼을 연속적으로 그을 수 있다면 그 공간은 연속벡터를 갖는다고 한다. 벡터장으로서는 이

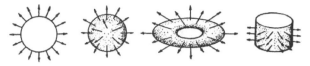

(a) 대향이가능한 공간

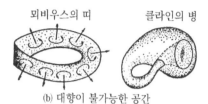

뫼비우스의 띠   클라인의 병

(b) 대향이 불가능한 공간

〈그림 214〉 대향이 가능한 공간, 불가능한 공간

를테면 유체 속도장을 상기하면 된다.

원주나 윤환면〔輪環面, 토러스(Torus), 도너츠면〕은 〈그림 213〉
의 (a)와 같이 분명히 연속된 벡터장을 갖는다. 그러나 원판에
는 〈그림 213〉의 (b)와 같이 아무래도 벡터를 연속적으로 그을
수 없는 점이 한 곳, 구면에는 특이점이 두 곳이 나타난다.

이번에는 공간의 각 점에 법선벡터를 연속적으로 세워보자.
원, 구면, 윤환면, 원기둥 측면과 같은 대상면(帶狀面)은 〈그림
214〉의 (a)와 같이 연속적인 법선벡터를 갖는다. 그러나 테이프
를 한 번 비틀어 고리로 만든, 이른바 뫼비우스(Möbius)의 띠는
법선벡터를 연속적으로 이동시켜 일주하여 원점으로 되돌아오
면 〈그림 214〉의 (b)와 같이 벡터의 방향이 반대가 되어버린다.

공간적으로 연속된 법선벡터를 세울 수 있을 때, 그 공간은
대향(對向)이 가능하며 그렇지 않으면 대향이 불가능하다고 한
다. 즉 원, 구면, 윤환면, 대상면은 맞대기 가능한 공간이지만
뫼비우스의 띠는 대향이 불가능한 공간이다. 그밖에 대향이 불

가능한 공간으로서는 〈그림 214〉의 (b)와 같은 이른바 클라인 (Felix Klein, 1849~1925)병이 있다.

3차원 유클리드 공간은 대향이 가능한 공간이며, 14장에서도 설명한 것 같이 우수계와 좌수계는 겹칠 수 없다. 그러나 만일 우리의 공간이 대향이 불가능하다면 멀리 돌아서 일주해 오면 우수계와 좌우계가 겹쳐져 버리고 둘의 구별은 없어질 것이다. 인간이 1주해 온다면 그 사람은 뒤집어지고 말 것이다.

위상공간

일반적으로, 두 공간의 각 점 사이에 연속적인 1대 1 대응이 생기고 공간을 신축 또는 변형시켜 서로 겹쳐질 때, 이들 공간을 위상동형(位相同型)이라 한다.

이를테면 〈그림 215〉와 같이 원주와 삼각형의 둘레, 원판과 삼각형판, 구면과 육면체의 표면 등은 각각 위상동형이다. 그러나 구면과 윤환면, 대상면과 뫼비우스의 띠와는 위상 동형이 아니다. 또 직선은 양단이 없는 선분과는 위상동형이지만 양단이 있는 선분과는 위상동형이 아닌 것에 주의하기 바란다.

위상동형보다도 더 개략적안 공간 분류에 호모토피 동형 (Homotopy 同型)이라는 방식이 있다. 이것은 선을 점으로 수축할 수 있다고 하는 것이다.

이를테면, 직선이나 선분은 점과 호모토피 동형이며, 원판이나 구체(속이 꽉 찬 공)도 점과 호모토피 동형이다. 그러나 원주와 점은 호모토피 동형이 아니다. 또 〈그림 216〉과 같이 대상면과 뫼비우스의 띠와는 모두 원주와 호모토피 동형이며, 따라서 서로 호모토피 동형이다. 또한 윤환체[輪環休, 솔리드 토러스

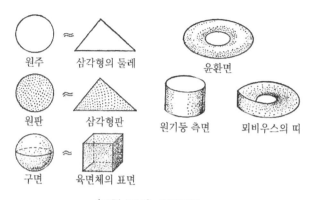

원주　≈　삼각형의 둘레

윤환면

원판　≈　삼각형판

원기둥 측면　뫼비우스의 띠

구면　≈　육면체의 표면

〈그림 215〉 위상동형

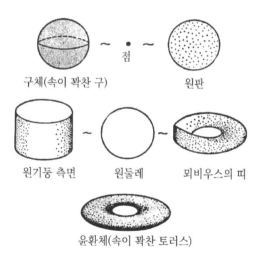

구체(속이 꽉찬 구)　~　•　~　원판
점

원기둥 측면　~　원둘레　~　뫼비우스의 띠

윤환체(속이 꽉찬 토러스)

〈그림 216〉 호모토피 동형

(Solid Torus), 속이 꽉 찬 토러스]도 원주와 호모토피 동형이다.
　일반적으로 위상동형이면 호모토피 동형임은 말할 것도 없다.
또 앞서 설명한 벡터장에 대해서는 연속적인 벡터장을 갖는

294

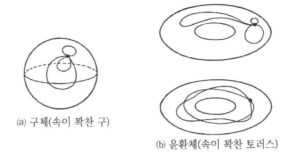

(a) 구체(속이 꽉찬 구)

(b) 윤환체(속이 꽉찬 토러스)

〈그림 217〉 호모토피류

공간에 위상동형인 공간은 또한 호모토피 동형인 공간도 역시 연속적인 벡터장을 갖는다.

공간의 이러한 위상적인 성질은 그 한 점을 지나는 폐곡선의 집합을 고찰함으로써 밝혀진다. 폐곡선 중 신축해서 겹쳐지는 것은 서로 호모토프하다고 한다. 이를테면, 구체인 경우는 한 점을 지나는 어느 폐곡선도 그 점으로 수축할 수 있고 모두 호모토프이다. 그러나 윤환체인 경우는 구멍을 돌아가는 수와 같은 폐곡선만이 서로 호모토프이어서 폐곡선 전체는 호모토피류로 나눠지게 된다.

원기둥면 상의 두 점을 잇는 측지선(測地線)도 감이 수가 다른 각 호모토피류에 속하는 것을 그을 수 있는 것이다.

소립자를 특징짓는 양자수 가운데에는 호모토피류 등 공간의 위상적인 면에 기원을 갖는 것이 있을지도 모른다.

또 비(非)하우스도르프(Felix Hausdorff, 1868~1942) 공간에 대해서도 언급해 두겠다. 지금까지 물리학에서 다뤄온 공간은 거의 모두 하우스도르프 공간으로 임의의 두 점의 근방(경계를 포함하지 않는 원판, 또는 구체를 생각하면 된다)을 서로 겹쳐지지 않게 잡을 수 있는 공간이었다. 즉 하우스도르프 공간은 다른 두 점을 서로 교차하지 않는 근방에서 분리할 수 있다. 그럴 수 없는 공간을 비하우스도르프 공간이라고 한다.

불연속한 공간

지금까지 시간과 공간은 연속이라는 것을 전제로 해왔으나 불연속한 공간이나 시간을 생각할 수도 있을 것이다.

시공의 불연속성은 원래 기하학적으로 불연속한 경우와 배후에 연속된 공간이 있고 그것의 양자화에 의하여 불연속성이 나타나는 경우를 생각할 수 있을 것이다.

또, 띄엄띄엄한 점만이 시공을 구성하고 있는 경우와 시공이 그 이상 분할할 수 없는 세포로 구성되어 있는 경우를 생각할 수 있다. 즉 바둑판형과 장기판형이다.

어떤 경우든 불연속성의 기준은 보편적인 길이 ℓ 정도로 하면 될 것이다.

불연속한 시공에 대해서도 여러 가지 시도가 실행되었으나, 여기서는 1966년에 제창된 유가와(湯川)의 소영역(素領域) 이론에 대해 설명하겠다.

소영역 이론

이백(李太白, 701~762)의 「천지는 만물의 역려(逆旅)이어서」라는 문장은 장자(莊子)의 사상에 그 근원을 가지고 있지만, 이것이 유가와의 소영역 착상에 이르는 계기가 되었다고 한다. 역려(逆旅)란 여관을 뜻한다.

만물이 있고 나서 천지, 천지가 있고나서 만물, 이것은 일반상대성 이론에 나타난 아인슈타인의 사상을 상기시킨다. 물질, 에너지의 존재 방식은 시공간에 의해 규정되고, 그리고 물질, 에너지가 시간, 공간의 존재 방식을 규정한다. 거시적 세계에 있어서 이러한 상호규정은 미시적 세계에서도 성립되는 것이 아닐까? 미시적 세계에 있어서는 물질, 에너지는 양자화되어 있다. 따라서 거기에서는 시공간도 양자화되어 있다고 하면 서로 적합할 것이다.

소영역 이론이란, 민코프스키 공간은 양자화 되어 있고 그 이상 세분할 수 없는 소영역으로 구성되어 있다고 하는 가설이다. 따라서 소립자장은 점의 함수가 아닌 소영역의 함수가 된다. 그리고 그것을 양자화함으로써 확장을 가진 소립자가 얻어진다.

소영역의 내부 자유도에는 내부좌표에 관한 회전이나 진동을 내재하고 있어 갖가지 양자수를 유도할 수 있다.

어떤 소영역에 어떤 방식으로 물질, 또는 에너지가 들어오면 그것이 어떤 종류의 소립자로서 관측된다. 그리고 소립자 운동은 물질 또는 에너지가 차례차례 다른 소영역을 차지해 간다는 것에 지나지 않는다.

앞의 17장에서 설명한 전광게시판의 비유는, 국소장 이론보다도 오히려 소영역 이론에 걸맞다. 전구는 소영역에, 에너지의 유입에 의해 켜진 전구는 소립자에 해당한다. 그리고 소립자 운동은, 켜진 전구의 교대는 공간적으로는 물론 시간적으로도 띄엄띄엄하게 되어 있다. 이것은 소영역이 공간적 뿐만 아니라 시간적으로도 확장되어 있는 것이다.

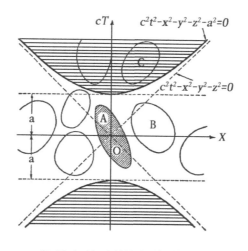

〈그림 218〉 소영역과 인과율

소영역과 인과율

지금 소영역의 확장 정도를 a라고 하자. 보통 이론에 있어서 서로 공간적으로 떨어진 두 점에 있어서 장은 서로 영향을 미치는 일이 없이 독립적인 것과 같이 두 소영역이 서로 영향을 미치지 않고 독립적이기 위해서는 그것들은 공간적으로 떨어져 있어야 할 것이다. 그러나 여기서 말하는 공간적인 떨어짐은 $c^2t^2-x^2-y^2-z^2<0$이 아닌 $c^2t^2-x^2-y^2-z^2-a^2<0$이어야 한다.

〈그림 218〉의 소영역 A가 나중 시각의 소영역 C에는 영향을 미치지만, 동시각(a의 두께를 가지고)의 소영역 B에는 영향을 미치지 못하도록 빛원뿔은 이엽쌍곡면으로 선정해야 한다.

이렇게 하여 소영역 이론은 시공의 흔들림 가설과 마찬가지로 미시적인 인과율의 수정을 유도한다. 즉 시공의 흔들림에 있어서 원점 근처의 실패형으로 된 곳이 소영역에 해당한다.

물론 소영역 이론은 발산의 곤란을 해결할 가능성을 가지고 있다. 이것도 앞에서 설명한 것 같이, 소영역 내의 각 점이 대표점간의 거리와 다른 거리를 전파하기 때문일 것이다. 대표점 간의 거리와 전파하는 거리의 평균과의 차이가 빛원뿔의 변화에 나타난다.

보다 자유로운 시공간을 찾아서

소립자와 시공의 관계에 대하여 그 문제점을 정리해 두자.

소립자론에 있어서 두 가지 기본적인 문제, 발산의 곤란과 소립자의 통일적인 기술과는 소립자에 확장을 줌으로써 해결될 것이다.

힐버트 공간에 부정계량이 도입되겠지만, 그것은 국소장으로 분해하여 다루기 때문이며 비국소장 그 자체가 관측될 수 있도록 정식화하면 부정계량은 나타나지 않을 것이다.

그러나 보통의 4차원 민코프스키 시공의 테두리 안에 머무는 한, 발산을 제거하려 하면 반드시 인과율의 파탄을 초래하므로 특수상대성 이론은 수정되어야 한다.

뉴턴역학은 3차원 유클리드 공간에서, 국소장 이론은 4차원 민코프스키 시공에서 전개되었는데, 확대를 가진 장 이론은 보다 자유로운 시공간을 찾고 있다.

소립자와 시공간은 독립적인 존재가 아닌, 결코 뗄 수 없는 깊은 관련을 갖는다.

끝으로

이 책이 처음에 설명한 것 같이, 독자 자신에 의한 물리학 재발견의 길잡이가 되고, 그것을 통하여 사고나 상상의 즐거움을 전달할 수 있다면, 그리고 또한 지적 세계에 있어서 미지영역에의 모험으로 독자를 유치할 수 있다면 그것이야말로 저자의 행복, 그에 넘치는 일은 없다.

물리학 세계의 미지영역에 대하여는 이 책은 그 모호하면서도 아름다운 원경을 그리려고 노력하였다. 특히 소립자와 시공간의 관련에 관해서 말이다.

그럼 자연과학에 있어서 창조, 그것은 인간지성이 자연이 연주하는 아름다운 음률에 공명하는 일이 아닐까.

창조 과정에 있어서 개성의 약동, 상상의 즐거움이라고 할 때, 그것은 결코 인간이 그 주관적인 것을 자연에 강요하는 것을 의미하는 것은 아니다. 자연의 미묘한 음률이 인간의 지적인 금선(琴線)에 닿아 그것이 공명해서 울려 퍼지기 위해서는 인간은 그 지성의 실을 항상 유난하고 긴장된 상태로 유지하여야만 한다. 그것은 풍부한 상상에 의해서만 가능할 것이다. 그리하여 거기에 생생한 개성이 나타난다.

자연의 음률은 음표뿐 아니라 수식에 의해서도 복사된다. 이 책에서도 논지를 명확하게 하기 위해 다소 수식을 사용하기로 하였다. 그러나 제곱근 $\sqrt{\ }$ 보다도 어려운 계산은 사용하지 않았다.

끝으로 이 하권의 출판에도 여러 가지로 협력해 준 편집부의

호리고시 씨에게 뜨거운 감사를 드리며 펜을 놓는다.

늦은 가을, 요코하마(橫洪)에서
저자 다카노 요시로

물리학의 재발견(하)
소립자와 시간공간

초판 1쇄   1995년 08월 25일
개정 1쇄   2019년 09월 23일

저자   다카노 요시로
역자   한명수
펴낸이   손영일
펴낸곳   전파과학사
주소   서울시 서대문구 증가로 18, 204호
등록   1956. 7. 23. 등록 제10-89호
전화   (02)333-8877(8855)
FAX   (02)334-8092
홈페이지   www.s-wave.co.kr
E-mail   chonpa2@hanmail.net
공식블로그   http://blog.naver.com/siencia
ISBN   978-89-7044-903-6 (03420)
파본은 구입처에서 교환해 드립니다.
정가는 커버에 표시되어 있습니다.

도서목록
현대과학신서

도서목록
BLUE BACKS